知性之乐

以积极心理学打造幸福人生

汤国钧 姚颖诗 邱敏仪 / 著

中国宇航出版社
·北京·

图书在版编目（CIP）数据

知性之乐 ：以积极心理学打造幸福人生 / 汤国钧，姚颖诗，邱敏仪著. -- 北京 ：中国宇航出版社，2021.11
ISBN 978-7-5159-1980-5

Ⅰ. ①知… Ⅱ. ①汤… ②姚… ③邱… Ⅲ. ①人格心理学－研究 Ⅳ. ①B848.9

中国版本图书馆CIP数据核字(2021)第200918号

策划编辑 田芳卿
责任编辑 吴媛媛　　**封面设计** 李　松

出版发行 中国宇航出版社
社　址 北京市阜成路8号　　**邮　编** 100830
(010)60286808　　(010)68768548
网　址 www.caphbook.com
经　销 新华书店
发行部 (010)60286888　　(010)68371900
(010)60286887　　(010)60286804(传真)
零售店 读者服务部
(010)68371105
承　印 三河市君旺印务有限公司
版　次 2021年11月第1版　　2021年11月第1次印刷
规　格 880×1230　　**开　本** 1/32
印　张 7　　**字　数** 162千字
书　号 ISBN 978-7-5159-1980-5
定　价 38.00元

本书如有印装质量问题，可与发行部联系调换

序一

过去几年，快乐文化渐渐形成。有关快乐的书籍如雨后春笋般出现，也受到了不同阶层读者的关注。要写一本以快乐为主题而又有启发性的书实在不是一件易事。汤国钧博士及其同侪所写的这本书以积极心理学来探讨快乐这一主题，实属非常难得，我诚意向读者推荐。

积极心理学是近年心理学界新兴的一个研究范畴，吸引了不少学者和心理学家探讨与研究。以往心理学多以心理问题的处理与治疗为主，积极心理学则专注研究创造美好人生的最佳心理条件，快乐正是其中一个重要的主题。事实上，近些年心理学在这方面的理论和研究的确非常丰富和实用，有助于我们更明白和掌握快乐人生所需的心理条件和素质。

我认为本书至少有三个特点是非常难得的。

首先，全书以深入浅出的手法为读者详尽介绍积极心理学对快乐的研究和见解，其中不乏发人深省的内容，特别是对投入体验生活和追寻生活意义方面的探讨。

本书的第二个特点是特别强调享乐不能带给我们真正的快乐。

作者根据积极心理学的研究成果，指出寻找快乐之道在于培养自己的品德（参考第三、四、六章）；建立良好的人际关系（参考第八章）；过有意义的生活（参考第五、七、九章）。读者如能按照本书提供的方法去实践，就会发现追求快乐的过程是漫长且充满挑战的，途中必定会遇到挫折和不快，若能克服这些困难，便可达到长久、真正的快乐。

本书第三个特点是作者对积极心理学与中国文化关系的探讨。积极心理学基本上是西方的思想产物，应用于不同的文化中是否恰当仍未有定论，近年文献中出现越来越多非西方的研究和理论，这是十分可喜的现象。本书作者意识到中西文化的异同，故在探讨快乐这一主题时，特别注意到在中国文化和社会中如何应用积极心理学。

虽然要做积极心理学本地化的工作有一段漫长的路程，但这本书已是一个很好的开始，希望将来有更多有识之士在这方面共同努力。我深信东方文化也有很多精彩的地方，可以为积极心理学对美好人生的研究提供崭新而有益的角度与素材。

何敏贤博士

香港大学心理学系副教授

序二

科技进步为人类带来不少好处，小至饮食起居的便捷，大至人类寿命的延长，这些都远超前人的想象。然而，科技进步并没有改善人类的心理和心灵素质，快乐程度甚至不增反减。按年计算，美国每四个成年人中，便有一个罹患精神疾病。根据世界卫生组织统计，抑郁症已成为世界第四大疾病。到 2020 年，抑郁症可能已是仅次于心脏病的第二大疾患，人类的心理和心灵健康问题似乎日益严重。

越来越多的学者注意到以病理取向为主（pathology-oriented perspective）的心理治疗有一定的局限，因此有意将研究方向由“修复问题”（治疗病患）转为提升人类生命素质。积极心理学就是在这样的背景下诞生的。“积极心理学之父”马丁·塞利格曼（Martin Seligman）曾说过：

“The aim of Positive Psychology is to catalyze a change in psychology from a preoccupation only with repairing the worst things in life to also building the best qualities in life.” ①

一如本书作者所言，本书的诞生亦是源自这宝贵而富有意义的信念。

"快乐"一向是畅销书籍的主题之一。读者乍看书名，很容易误把本书当作芸芸自助心理学书籍中的一本。然而，读者只需略读本书任何一章，即会发现本书不单内容丰富，取材全面，更引述了大量学术研究成果作为论证支持，绝非泛泛空言，这在大多同类书籍中实属难得。

同时，本书作者全是富有一线经验的专业人士，十分了解受众的情况，因此能将严谨的学术理论化繁为简，深入浅出，与实际生活相结合。读者只要用心细阅，并实践其中的建议，必能大大提升生命的素质。本书亦适合一线同行参考，根据不同的情况，设计相关活动，使更多人受惠得益，活出充实而有意义的人生（engaged and meaningful life）。

陈丽云教授，JP[②]
香港大学思源基金健康及社会工作学教授
社会工作及社会行政学系教授
行为健康教研中心总监

①积极心理学的目的是促进心理学的转变，从只关注修复生活中最糟糕的事情转变为同时建立最好的生活品质。——编者注

Seligman M E P.Positive psychology，positive prevention，and positive therapy [M]//In Snyder C R，Lopez S J（Eds.）.Handbook of Positive Psychology. New York：Oxford University Press，2002：3–9.

②太平绅士（Justice of the Peace，JP），是一种源于英国，由政府委任民间人士担任维持社区安宁、防止非法刑罚及处理一些较简单法律程序的职衔。——编者注

序三

快乐是任何人都向往的，只是如何取得却不是人人都懂。或许你会说：“不同的人自有不同的获取快乐的途径，没有所谓懂与不懂。”是的，或许每个人的兴趣和背景不同，获取快乐的手段也各异，然而，不论什么途径，若要获取长久且实在的快乐，便不能违背获取快乐的原则。汤国钧博士及其同侪的新作，通过西方近年兴起的积极心理学研究，为我们归纳了很多获得快乐的原则，这些原则确实是我们追求快乐的过程中十分有用的指引。比如，要发展潜能，生活得有意义，建立亲密的人际关系，学习静观，培养品格。很难想象违背这些原则却依然能够获得快乐。

作者在书中除了指出如何获得快乐，还强调了这些快乐原则与中国传统思想不谋而合之处，足见获得快乐的途径确实有其跨时代和文化的特点。然而，正如庄子所言：“自其异者视之，肝胆楚越也；自其同者视之，万物皆同也。”《庄子·德充符》指出事物总是同中有异，异中有同，若只是强调不同思想流派的共通点，虽可展示伟大智慧的共同性，却难以增进沟通，互相学习，取长补短。中国传统思想与积极心理学的不同之处甚多，有一些比较根本，有一些比较边缘。以下是一个不太明显却颇具代表性的例子。

根据本书的说法，积极心理学鼓励人们尽量发挥自己的潜能，活出真我，这是获得人生意义的一个方法。中国传统思想中的儒、释、道三家，基本上都同意这个说法。但我们必须注意，三家所言的潜能是作为人（human）的潜能，而不是作为个人（individual）的潜能。单以儒家为例，儒家强调人要实践作为人性的“仁”，如孟子所言，这是人与禽兽的分别所在，是人之所以为人的特性。这绝不等同于个人的潜能，如计算、唱歌、绘画、运动之类。儒家不会否定个人潜能的实现，然而当人性和个性的实现在具体情况下陷入矛盾时，儒家明显以人性的实现为优先，因为个性的牺牲不至于让人做不成人，最多是让人生多添一点遗憾（在能完成更高价值的前提下坦然接受这种遗憾，就是中国传统的所谓达观精神），但对人性的放弃却是作为人最深层的自我否定。这种对个性和人性的区别对待，一方面可能会扼杀个性，但同时解决了两者在现实中发生冲突时，人们该如何抉择的人生难题。

像以上这种与积极心理学同中有异的立场，中国传统智慧中还有许多。我相信，正因为两者有共通之处，它们才有沟通的可能，同时也因为有其相异处，才能互相借鉴，有助于双方进一步自我完善和发展。本书能指出它们的共通性，足见作者的见识与胸襟，这也提供了中国传统思想与现今前沿的心理学发展进行健康对话与互动的新平台。我乐于看到并参与这场对话，希望日后能有更多机会了解积极心理学及其发展，并尽一己之绵力，从中国传统思想的角度提出一些反省的支点。

温带维博士

香港理工大学通识教育中心讲师

作者序

现代社会似乎变得越来越复杂，要快乐起来也越来越不简单。事实上，在我们的社会中，不快乐的人似乎比以前多了，青少年、中年人和老年人都有自己的烦恼，到底我们应该如何为自己或别人打造快乐幸福的人生呢？

快乐是人生追求的最高目标，还是人生中追求意义和价值时的副产品，这是个极具争议的问题。

心理学作为一门客观的科学，是否能为以上问题提供答案呢？我们认为，近年迅速崛起的积极心理学（Positive Psychology），的确能为这些重要的人生课题提供宝贵的知识与意见，很值得我们去思考与运用，因此本书以此为主题，同时也是联合情绪健康教育中心的“健康情绪自助系列”的第三本书（之前两本书分别是《抑郁自疗》与《焦虑自疗》）。

正如积极心理学与传统心理学的分别一样，本书的主题与同系列另外两本书的主题也有很大区别，我们不再满足于解决人们情绪上的困扰与问题，更希望能为读者提供打造美好快乐人生的方法和秘诀。相信积极心理学在这方面会有非常重要的贡献和独特的价值，希望读者读完此书后也有同感。当然，我们并非鼓励大家只追求快乐或享乐，本书强调的是人生有乐亦有苦，能够调和并平衡两者才是真正的智慧和快乐。

正如本系列之前的图书一样，我们非常希望此书能为读者提供理论与实践兼备的内容，因此书中包含许多具体可行的建议，旨在帮助大家踏上快乐人生路。另外，我们也尝试探讨中国文化的特色如何影响积极心理学的应用和实践。我们明白本地化的工作绝不容易，希望这本书能起到抛砖引玉的作用，让更多有识之士在这方面多做讨论与研究。

最后，我们深感本书的创作过程也是我们三位作者一个极具意义和愉快的经验，其中经历了许多欢乐，也遇到过不少困难，就像人生一样。我们亦深深体会到为理想付出努力是通往幸福美好人生的不二法门，正如积极心理学所倡导的那样。

在此特别鸣谢张正刚先生协助此书部分内容的资料搜集，深表谢意。

汤国钧博士

香港基督教联合医务协会联合情绪健康教育中心主席

目录

CONTENTS

第一篇

寻找快乐

第一章　快乐何处寻

快乐是生命的意义和目的，是人类生存的终极目标。

——古希腊哲学家亚里士多德（Aristotle）

决心快快乐乐生活是得到快乐的第一步。

——美国神学家乔治·霍奇斯（George Hodges）

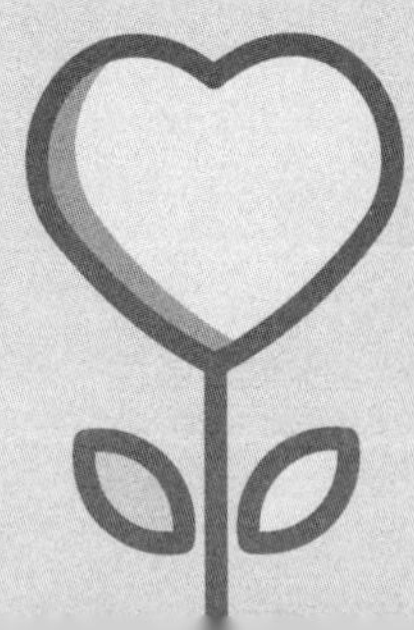

一、不快乐的世代

试想一下：

今天早上你迟了15分钟起床，昨晚因赶着整理和准备会议的文件晚睡，所以闹钟也不能把你唤醒。你连忙以极快的速度洗漱更衣，马马虎虎吃点儿早餐，就飞快地奔出家门。可惜跑到公交车站，却目送公交车离开，结果又等了15分钟才搭乘了下一辆公交车，到公司时已经迟到20分钟。幸好，今天上午的会议延后了30分钟，你庆幸仍能赶得上开会，怎料打开公文包，竟发现因匆忙出门忘了带会议文件，上司又催促你立即开会，这时你内心的焦虑烦躁几乎到了失控的地步。你开始胡思乱想，害怕一会儿开会时出丑，或被上司责骂，心情立即沉了下去。

对以上情景你是否有共鸣？你可曾有过类似的经历？

活在这个充满压力和焦虑的社会，要快乐起来并不容易。

回顾过去，你快乐的日子多，还是不快乐的日子多呢？愉快、正面的情绪对自己影响大些，还是不快和负面的情绪对自己影响更大？

近些年来，随着社会物质生活的普遍提升，许多人的生活压力越来越重。经济社会大变革，面临的工作压力也不断上升，上班族担心饭碗不保，生活来源失去着落。同时，家庭问题越来越复杂，家庭成员变得疏离，家暴情况也有上升趋势，青少年问题近年也成为社会的焦点。另一方面，精神病患者逐年递增，尤其是焦虑症和抑郁症的新患病人数明显增加。物质生活越来越好，但人们的生活越来越不快乐，这似乎是不争的事实。

个人方面，很多人总爱与别人比较，特别是和那些漂亮、帅气、富有、成功、有地位、年轻、有活力、聪明的人作比较，然后自我责备和批评，因此陷入忧郁和不快乐的圈套里不能自拔。既担忧未来的事，又对过去感到遗憾和怨恨；对自己拥有的永不感到满足，只会专注于自己缺乏的；以为快乐是必然的，若不快乐就是“世界末日”了。其实，抱有这种心态的人，必然不会快乐。

当然，许多问题背后的成因非常复杂，不能在此详述，然而有一点可以肯定：负面情绪的蔓延只会产生更多问题，缺乏快乐和正面的情绪会让人失去改变现状的动力，形成恶性循环。因此，寻找快乐和掌握正面的情绪并非单单关乎主观感受。

如果告诉你快乐可以是一种选择、一个心态、一个习惯，你相信吗？

近年心理学界非常流行的积极心理学（Positive Psychology）正是指向以上见解，本书将大量引用积极心理学中的各种理论和研究成果，来证明这个观点。此外，积极心理学更明确指出正面情绪可以带来很多出人意料的好处，下文我们将以“快乐的科学”与你对话，希望你也能获得积极心理学所带来的启发和好处。

记住：学习获得快乐绝非只是获得开心的感觉那么简单，而是能够改变人生的一把重要钥匙！

若你自认为是一个不快乐或很难快乐起来的人，这本书正是为你而写。

若你希望自己更快乐，活得更积极，那么你将会从这本书中找到答案。

假如你希望帮助别人更快乐（不论你是专业的还是业余的助人者），请你阅读本书，它必能帮助你。

现在，让我们打开这本书，踏上获得快乐的旅途吧！

小资料

现代人，你快乐吗？

要回答这个问题，不妨先参考以下数据。

- 香港中文大学医学院香港健康情绪中心及消化疾病研究所，运用随机抽样调查方法，于2009年通过电话成功访问了2011位市民，结果发现过去一年，约4%的受访者患上普遍性焦虑症，而抑郁症的患病率更是达到12%，推算全港约20万人患有普遍性焦虑症，接近60万人患有抑郁症。
- 香港每年约有1 000人因不同的原因自杀身亡，平均每天有2.7人自杀身亡。近年整体数字虽有下降趋势，但学生自寻短见的情况不减反升。
- 香港的离婚率近年不断上升，2006年更有每100对新婚夫妇就有超过34对离婚的记录，离婚数字25年里激增达8倍。
- 家庭暴力的情况令人担忧。过去数年虐待儿童的数字增幅为15.6%，虐待配偶的数字升幅更高达90%，以身体虐待的情况最为普遍，性暴力案例亦呈上升趋势，升幅达17.7%。
- 快乐指数如何反映香港的情况？英国智库新经济基金会在2009年7月发布的最新排名显示，香港的地球快乐指数

（Happy Planet Index 2.0）在全球排名84，远在亚洲其他地区之后。

数据告诉我们，社会似乎充满许多不大快乐的人，人们不禁要问：究竟哪里出了问题？

二、积极心理学与快乐研究

心理学是一门系统研究人的心理和行为的社会科学，包括很多对快乐或其他正面情绪的理论和研究，特别是近年备受重视的积极心理学对快乐的讨论非常深入和全面。每个人都有自己对快乐的见解和经验，但个人的经历总有局限，若能参考这方面的科学化的理论和研究，一定能得到更深入和全面的启发。

积极心理学是近年心理学界令人兴奋的发展成果之一，是心理学发展的一个新里程碑，激发了无数相关研究，深入探讨美好或丰富人生等主题。那么积极心理学是如何诞生的呢？

积极心理学的出现可以追溯至1998年美国心理学界的一件大事，就是马丁·塞利格曼博士（Dr. Martin Seligman）就任美国心理学会会长。他是知名的心理学教授，任教于美国宾夕法尼亚大学，早年以研究抑郁的成因著称。他认为导致抑郁的其中一个主因是学习得来的无助感。20世纪80年代，他对训练乐观思维可预防和对抗抑郁这一课题非常感兴趣，并做了大量研究。当他就任美国心理学会会长时，根据学会的传统，须在就职典礼上发表一篇论文，提出一个崭新的心理学角度和研究方向。于是，在就职典礼前，塞利格曼与两位志同道合的学者一起，想出了“积极心理学”这个新主题，并在就职典礼上正式发表。

为何积极心理学是创新的主题呢？难道1998年之前就没有对快乐等积极心理的理论和研究吗？当然不是！譬如被《时代》杂志称为“快乐研究之父”的埃德·迪纳（Ed Diener），就对“快乐”这一题目进行了超过30年的研究。20世纪六七十年代大行其道的人文心理学（Humanistic Psychology），也对人的潜能和美好的一面做过不少探讨。然而，这些前人的努力都未能汇成一股强大的主流力量，直至塞利格曼和其同侪创立“积极心理学”，我们才见到有关快乐及其他美好人生的心理元素的研究及著作如雨后春笋般出现，并受到学术界以至普罗大众的重视，这正是积极心理学独特而成功的地方。

三、本书的主题与特色

本书以快乐为主题，但并非以作者的个人见解或经验谈论快乐人生。**本书对快乐的论述和对寻求快乐的建议，基于积极心理学的研究成果和理论，有客观和科学的实证支持**。此外，作者在书中还加入了临床经验（如心理治疗与辅导）及其他参考理论，数据可信并具参考价值。

正如同属“健康情绪自助系列”的《抑郁自疗》《焦虑自疗》，本书不只为读者提供理论方面的探究，还希望做到理论与实践并重，互相补充，让读者能够真正了解和掌握快乐之匙。因此，**介绍过每个快乐秘诀后，都会为读者提供一些实践方法和提示，帮助读者扩展思路，丰富体验。**

积极心理学虽然是一门实用的学问，但必须提醒大家，这些都是西方的理论与研究，很多论述都是从西方的精神和文化孕育出来的，未必完全适合套用在中国人身上。我们在书中介绍积极心理学时，也会尽量贴合中国文化的特色，不盲目跟随西方的理论。当然，在这方面，我们仍然需要更多有识之士来参与讨论和研究。

需要强调的是，心理学绝非万能，也不是唯一标准。我们相信仍有其他研究的方法，如文学、哲学、宗教、社会科学等，或是个人的人生经验，都同样重要和具有参考价值。本书主要介绍积极心理学近年来在快乐方面的研究成果，希望从积极心理学或心理学的角度，为读者在快乐人生的课题上提供宝贵的启发和指导。

你准备好去领略和经历一个活得更快乐和充实的心灵旅程了吗？来吧！让我们一起出发。

四、有关快乐的问题

快乐对人生非常重要，但我们对快乐这一主题是否有共识呢？你知道以下问题的答案吗？

- 快乐的定义是什么？快乐到底包含什么元素？

- 有比快乐更重要的人生目标吗？这些目标之间的关系又是怎样的呢？
- 快乐在人生中有多重要？快乐能够带来哪些好处？
- 我们达到什么条件才可以感到快乐？
- 快乐的人与不快乐的人有什么区别？
- 人是否可以拥有恒久不变的快乐？

你对以上问题的答案感兴趣吗？近年来积极心理学在这方面做了大量研究，能够为我们在追求快乐的道路上提供实际有效的指引，我们将在本书与大家逐一分享。

1. 快乐迷思

人人都希望活得快乐，但很多时候我们会走错路径，坠入迷思，走很多歪路，或者浪费很多时间，仍未能寻找到快乐。

许多人以为财富是快乐的代名词，可以买下自己渴求的东西，得到安全感和社会地位。但这真的是快乐的保证吗？为何我们常常听说富有的人也会抑郁，甚至自杀呢？金钱能够换来优质的医疗和保险，但不能确保健康长寿；金钱能够换来豪华大宅，但不能保证一个温馨舒适的家；金钱能够换来高品质服务和优待，但得不到真挚的尊重和友谊。只要你用心细想，不难发现金钱的作用有限，它绝非快乐的保证。

有不少人相信顺意安舒的环境是幸福快乐的条件。只要凡事顺利，生活安稳，快乐自然唾手可得。然而，过分依赖环境的快乐，其根基足够稳固吗？有谁可以保证人生一帆风顺，无惊无险呢？

即使你绝顶聪明，也难保失意祸患不找上你；即使今天一切如意，也难保明天祸患不会忽然降临（例如意外、生病、亲人遭遇不幸，等等）。人生无常，假如我们将快乐建立在环境际遇上，不可能保证快乐能够维持长久和超越环境限制。

成功可以带来快乐吗？很多人非常重视自己的成就，一生努力不懈，追求理想或目标，目标达成带来的成就感确实让人无比满足和快乐。然而，你是否经历过成功过后、欢乐之后的失落和空虚，发现成功的滋味不过如此呢？甚至惊觉之前付出的努力和代价原来并不值得……当你将成功或成就等同于个人价值，或用以换取掌声的话，更容易发现这并非人生中最重要的事情。

后现代社会强调主观经验凌驾于一切主张，因此许多人认为快乐纯粹是个人感觉或做一些令自己开心的事，不必有客观准则或高深理论，只要自己感到高兴就行了。快乐真是如此简单吗？为何世上仍有这么多不快乐的人呢？你可曾发现很多你想做又觉得开心的事是跟现实矛盾的，或者可能违背道德良知的标准，甚至会伤害别人？再者，现在令你觉得开心的事，长远来说可能会为你制造更大的不愉快和伤害，例如酗酒、抽烟。让自己开心就可以快乐吗？恐怕这只是很多人不管后果、自我放纵的一个借口。

其实，快乐是否应该由心出发？真正的快乐是否应建立在个人成熟的心智和良好的品格基础上，并且超越环境的限制呢？快乐与智慧有何关系？快乐是一种选择吗？快乐可以提升吗？这些都是大家最感兴趣的问题。

2. 快乐多重奏

究竟有多少词汇能够形容快乐呢？开心、愉快、欢乐、喜悦、兴奋、愉悦、高兴、开怀、欢欣、畅快……我们可以立即想起一大堆形容快乐的字眼。你可曾想过，人生到底有多少种快乐，快乐有不同的层次或种类吗？快乐虽是某类情绪的统称，其中却包含众多不同的感受和经验。积极心理学指出，快乐可以通过不同的途径和体验去获得，简述如下。

获取快乐最简单直接的途径是通过感官，包括视觉、听觉、味觉、嗅觉与触觉五感的主观经验。感官与生俱来会对某些东西有明显好恶，例如我们对“臭”的嗅觉都大致相同，没有人会觉得粪便是“香”的（当然，也有例外的情况，例如有人觉得榴莲“香”，有人觉得它“臭”），喜欢的东西带来的感官体验让我们感到愉快，如食欲和性欲等的满足，是最简单直接的愉快经历。

另一种让人感到快乐的途径是欲望的满足。人生而有欲望，这些欲望来自我们的身心需要，需要被满足时自然会感到愉快，否则，我们会感到匮乏和不惬意。假设你想被人肯定和认同，当你得到时，你的内心会感到满足和快乐。当你遭人否定或拒绝时，你会感到不愉快甚至痛苦。

第三种快乐是达到目标的快乐。人是极具目标意识的高等动物，我们做任何事都是为了某些理由或想达到某些目标。能够达到自己的目标时，我们会感到满足或有成就感。很多人生巅峰的正面经历，都与达到目标或实现理想有莫大的关系。目标越重要，达到目标后得到的快乐满足感越强。

第四种快乐与第三种快乐有一定的关系，就是能够从事或完成你认为有意义和有价值的事情。不管你是否意识到，但是心底你总希望能够做有意义和有价值的事，过有意义和有价值的人生，这是带来无比快乐满足的不二法门。

最后，**能够发挥自己的潜能和活出真我，也是获得快乐的重要一环，许多人甚至视此为快乐的最高层次**。每个人都希望能够认识并活出真我，充分利用上天赋予的潜能，加以发挥，实现独一无二的人生。古人说："天生我才必有用"，每个人都拥有独特的潜能，希望得到发掘和发挥，为己为人带来极大的幸福和快乐，这些潜能可以成为你事业中的重要元素，也可以表现在你的兴趣上。

上文谈论快乐的不同层次，感官上的刺激和满足是最低的层次，虽然它对我们也非常重要，但若希望获取完满的快乐，我们就不能只依赖这个层次的经历。当然，越高层次的快乐，可能需要越多的努力和代价去换取，并且不同层次的快乐有时会互相矛盾，造成内心冲突。若想实现理想或目标，往往需要付出很大的努力，或要放弃一些简单直接的享受。当你要完成一项艰巨的工作时（如写作），必须放弃很多休闲和娱乐活动，两者难以兼得的情况下，你必须做出取舍。做成熟有智慧的抉择，才能确保真正持久的快乐。

快乐指数

你快乐吗?

你可能很想知道自己是不是一个快乐的人，有关快乐的心理问卷多种多样，下面是综合了不同问卷内容整理出的一份问卷，读者可以进行自我评估。答案“是”越多，“否”越少，代表你越有可能是个快乐的人（注意：这并非一份标准化的心理量表，只供个人参考之用）。

	是	否
1. 我对现在生活各方面都感到满意。	□	□
2. 我感到人生很美好。	□	□
3. 我经常欢笑。	□	□
4. 我会为自己经历的事感恩。	□	□
5. 我经常感到精力充沛。	□	□
6. 我很享受生活。	□	□
7. 我对周围的事和人都极感兴趣。	□	□
8. 我对将来感到乐观。	□	□
9. 我有明确的人生目标和意义。	□	□
10. 我很容易对人友善和喜爱。	□	□
11. 我大体上感到满足。	□	□
12. 我期望的目标大多都能达到。	□	□
13. 回望过去，我很少感到遗憾。	□	□

资料来源：Diener E，et.al.Satisfaction with Life Scale.Authentic Happiness Inventory Questionnaire[EB/OL].（1985）[2009-1-14].www.authentichappiness.com.

小资料

与快乐有关的心理评估

积极心理学的一个很大贡献，就是编制出不少有用的积极心理量表，且都是经过验证的、可靠准确的标准化评估工具（当然它们大部分都是依赖西方人的样本，对其他文化和族裔的适用性仍有待进一步研究和证实），有兴趣的读者可以登录积极心理学网站（www.authentichappiness.com）查看。该网站有中文、英文和西班牙文等多种语言版本，读者可以在网上填写不同的积极心理问卷，其中包括感恩、乐观、生活满足感、正面关系等心理量表，并且可以实时获得答案。

这些问卷是非常科学化且实用的自我评估方法，可以帮助大家了解自己的积极心理状况，看看自己的强项和优点在哪里，哪些方面可能需要改善，很值得花时间试一试。

第二章　揭开快乐的面纱

快乐的心犹如一剂良药，破碎的心却吸尽骨髓。

——古以色列国王所罗门（Solomon）

一阵爽朗的笑声，犹如满室黄金一样引人注目。

——法国作家居斯塔夫·福楼拜（Gustave Flaubert）

自有文明以来，人类对幸福和快乐就有很多不同的见解。古希腊哲学家亚里士多德（Aristotle）相信，幸福美好的人生（Eudaimonia）和快乐（Happiness）建立在人对价值和意义的追求上，即做有价值的事，活出真我。中国儒家孔孟的思想则强调个人修养，人应该不断地修炼和发挥自己的心性与德行，并对家国克尽己任，有所贡献，共建理想社会。另一个影响东方文化至深的佛家思想，认为快乐和幸福有赖个人的觉醒或觉悟，看透人间苦痛的根源，领悟超越痛苦的方法。佛家认为，唯有通过入正道，达至涅槃无我无相的境界，个人才能从痛苦的欲望中解脱出来。

道家思想也是渗透中国文化的哲学系统，老子的《道德经》和庄子的思想对现代中西文化都有重大影响。道家思想强调“自然”“人法地，地法天；天法道，道法自然”。反对人为不必要的干预和限制，天地之间有赖阴阳平衡，所以凡事应讲求阴阳正反的调和，不要走向极端；好坏只是个人的主观判断，非事物的真相。所以，真正的快乐就是顺应天道和自然，不矫揉造作才是最好。

小资料

快乐的文化差异

《时代杂志》称为“快乐研究之父”的美国伊利诺伊州大学教授埃德·迪纳（Ed Diener）研究显示，快乐其实有两个基本元素：感受方面（affective）和认知方面（cognitive）。[1]感受方面指一切正面情绪的总和，例如欢乐、满足、喜乐等；认知方面则指对整个人生的自我评价，包括婚姻、工作和人际关系，都有正面的评价和高度满足感。

有趣的是，研究发现，在西方较强调个人的社会里，这两种快乐元素的相关系数颇高，约为0.5。但在东方较强调集体的社会中，两者的相关系数则只有0.2，显示主观的正面情绪不一定与生活满足感扯上关系。也许在重集体的东方文化中，我们对生活的满足感需要考虑别人的感受和幸福感，因此使得个人主观感受处于一个不太重要的位置吧！

一、积极心理学的见解

东西方的哲学思想对我们认识快乐和幸福都有很重要的启发，所以近代许多流行思潮都尝试融合东西文化的精粹，互补不足。那么，积极心理学如何理解快乐和幸福呢？

曾有学者和心理学家，如柳博米尔斯基（Lyubomirsky）和谢尔登（Sheldon）将快乐定义为：[2]

（经常的正面情绪 + 高度生活满足感）– 负面情绪 = 快乐

在这个定义下，快乐可以称为主观的幸福感（subjective well-being），是当事人的主观判断，自觉快乐和满足就等同于幸福。

然而，这个定义明显有不足之处。大部分积极心理学家并不认为主观的快乐就代表活得美好和幸福（enjoying well-being or a life well-lived），活得美好和幸福不应单纯依靠主观愉快的感觉，还应包含价值和意义等重要元素。

不少积极心理学家，如马丁·塞利格曼（Martin E.P. Seligman）和查尔斯·R·斯奈德（C.R.Snyder）都赞同以下定义，认为这才是活得美好和幸福。[3]

快乐（happiness）+ 意义（meaning）= 幸福（well-being）

这个定义的意思是，美好幸福的人生不单是为了追求快乐，更要具备意义；没有意义的生活，即使你自己觉得活得愉快，也不是真正的幸福。

埃德·迪纳最新的观点也认为，真正的快乐必须包含欢乐（pleasure）、满足感（satisfaction）和生活意义（life meaning）。[4]

当然，怎样才算是有意义的人生，是一个值得商榷的问题。塞利格曼提出，愉快而有意义的人生，在于我们能否发掘并运用自己的优点与长处，投身于有价值的目标和事情中（通常这些目标对己和对人都是有益的，详见第九章）。

若从个人心理层面了解如何活得美好和幸福，里夫（Ryff）和凯斯（Keyes）两位学者的看法更全面。他们认为，若要达到真正的快乐和幸福，应具备以下三方面的健康：情绪健康（emotional well-being）、社交健康（social well-being）和心理健康（psychological well-being)，[5]即

情绪健康 + 社交健康 + 心理健康 = 幸福快乐

1. 情绪健康

- 正面情绪（positive affect）：感受到快乐、愉快、热诚等正面情绪。
- 负面情绪（negative affect）：尽量减少负面情绪，如灰心、沮丧、焦虑等。
- 生活满意感（life satisfaction）：大部分时间主要的需要和渴求都得到满足，对自己的生活颇为满意。
- 快乐：一般来说感到愉快和开心。

2. 社交健康

- 社交接纳（social acceptance）：纵然人的行为有时可以很复杂，但仍对人抱正面信任的态度。
- 社会实现（social actualization）：关心社会，相信社会是进步的，有发展潜质，可以变得更好。
- 社会贡献（social contribution）：觉得自己可以贡献社会，认为自己做的事情是被肯定的。
- 社会凝聚（social coherence）：感到这个社会是正面和有意义的，积极投入社会事务。
- 社会共融（social integration）：感到自己是社会的一分子，与其他人有共同的目标和利益。

3. 心理健康

- 自我接纳（self-acceptance）：对自我肯定，抱持正面的自我形象，接纳自己的过去和自我的复杂性。
- 个人成长（personal growth）：感到人生是不断地学习和成长的过程，主动发挥潜能，不断地进步和成熟。
- 生活意义（purpose in life）：对生活有清楚的目标和意义，感到过去是有价值的，抱持正面积极的人生信念。
- 掌握环境（environmental mastery）：感到自己能够掌控现实环境，为自己创造合适的生存和生活条件。
- 独立自主（autonomy）：自我控制力强，不易受他人影响，有自决能力。
- 正面人际关系（positive relations with others）：能够建立正面、亲密、互信的人际关系，真心关心别人，富有同情心和亲切感，在人际关系中实践给予与接受。

我们颇为认同两位学者这套全人健康的理论，只是除这三种健康之外，第四种健康——灵性健康（spiritual well-being）也非常重要，无数理论和研究都已指出这一点。本书第九章会深入探讨意义与灵性这个重要课题。

情绪健康 + 社交健康 + 心理健康 + 灵性健康 = 幸福

总括而言，美好和幸福的人生，不仅要拥有快乐，还包括活得有意义和健康。

二、两种不同的快乐

马丁·塞利格曼在他的著作《真实的幸福》(*Authentic Happiness*)中指出，[6] 主观的快乐经验起码可以分为两大类：第一类称为欢乐(pleasure)，直接从感官获取，例如享受美食、性爱欢乐、影视娱乐、运动刺激等。这种快乐通常不需要我们付出太多努力就能获取，但不能长久，当活动完了，那种愉快感很快就会消失。如果持续刺激自己的感官，那种欢乐的感觉可能会迅速减弱，甚至令人感到麻木或厌倦！假设你很喜欢吃汉堡，当吃第一个时，你会感到非常满足、非常快乐。但当你继续吃下去，相信很快就会感到这是一种折磨，毫无快乐可言！其他的感官刺激活动也是如此。所以，心理学家建议我们将这类活动分散，不要密集去做，否则只会产生反效果。

塞利格曼指出，第二种快乐是满足感(gratification)。与第一种快乐不同，满足感代表你有意识地付出，为所定的目标努力，付出的过程或达到目标时获取的愉快和满足感，就是塞利格曼所指的第二种快乐(也可称为“内心的喜悦”)。英国《太阳报》曾举办过一个征文活动，询问读者“谁是世上最快乐的人”。在8万多封来信中，评审团最后选取了4个最佳答案，它们分别是：

- 为初生婴儿洗澡的母亲。
- 欣赏刚完成的作品的艺术家。
- 在沙滩上堆砌城堡的孩子。

- 在手术室刚挽救了病人生命的外科医生。

虽然这个调查并非一种科学研究，却很吻合上述所谈的第二类快乐——满足感。是的，很多时候，当我们全身心投入一个目标或一项活动时，付出过后细心欣赏回味自己的成果，的确有一种难以形容的满足。这种快乐与第一种享乐式的快乐不同，往往可以持续很久，引起的内心回响也特别深刻，可以触动心灵深处某些渴求和需要，是一种很有意思的感觉。

细心比较上述两种快乐不难发现：享乐是我们本性里自然会喜欢的感觉，因为它可以给我们的感官带来直接的刺激，且不需要付出太大的代价。难怪不少人只着眼及沉迷于这种快乐，极端的甚至变成“享乐主义”。可是，当你沉迷其中时，你能否获得持久的快乐呢？感官的刺激过后，快感也随即消失；越是不断地重复这种活动，快感减退越快，我们不能单靠这种途径来获得快乐。所以，积极心理学的研究结论鼓励人不应只追求享乐式的快乐，更要追求必须付出努力才能获取的满足和喜悦，因为这种满足式的快乐更持久，更有意义。

本书介绍的各种快乐途径亦多属这种类型，就是通过我们的思想、心态、信念、情感、目标、行为和关系的改变来达到快乐。

三、愉快情绪的妙处

快乐是大多数人追求的目标，但除了令人感觉良好之外，有没有科学研究能证明快乐的确可以给人带来实质的好处呢？过去半个世纪的心理学研究为我们提供了不少证据，[7,8] 证明快乐的人确实可以享有很多益处。综合来说，这些益处包括：

- 快乐的人婚姻较美满，较少离婚。
- 快乐的人有较亲密的人际关系，有较强的社会支持网络。
- 快乐的人工作表现较佳，更有活力和更投入。
- 快乐的人更易有乐而忘我的经历。
- 快乐的人更具有自制力和应付问题的能力。
- 快乐的人更善于为他人设想和乐于助人。
- 快乐的人有较佳的健康状况和免疫能力，甚至寿命更长。

不可否认，从人类生存的角度来看，正面情绪和负面情绪各有其功用和价值。负面情绪例如惊慌和愤怒，往往提示威胁或危险存在，帮助我们及时自卫，而正面情绪则反映一些令人开心或满意的情况。专门研究正面情绪的美国密歇根大学教授芭芭拉·弗雷德里克森（Barbara Fredrickson）在其著作《积极情绪的力量》（*Positivity: Groundbreaking Research Reveals How to Embrace the Hidden Strength of Positive Emotions, Overcome Negativity, and Thrive*）中指出，正面的思维和情绪是幸福人生的基石；相反，若我们容许负面的思维和情绪充塞心灵，人生也一定不会好过。

弗雷德里克森是一位严谨的学者，她在书中引用了大量研究来证明以上论点，分析非常具有说服力。弗雷德里克森创立了一套心理学理论去诠释正面情绪的好处，称为“正面情绪的扩展与建立理论”（broaden-and-build theory of positive emotions），认定正面情绪对个人成长和发展极为重要。简言之，正面情绪可以扩展我们的思想和行动，使我们对新思维和创意活动更敏锐，进而建立更持久的个人心理资源（psychological resources），例如创造力、社交支持、解决问题的能力等，有助于我们有效地适应生活，甚至面对逆境。

1. 正面情绪循环

事实上，已有无数心理实验证明了正面情绪的效用。心理学家运用不同的方法来引发受试者的正面情绪，包括观看喜剧、接受礼物、重复正面句子、回忆愉快经历等，这些实验都能带动受试者拥有更广阔的视野，进而产生更具创意和灵活的思维和行动。例如，一个非常有趣的实验显示，当受试者因情绪紧张而心跳加速时，如果让他们观看一部愉快的电影短片，心跳会很快恢复正常。另一个研究显示，正面情绪使人更有创意，更善于解决问题，继而使人产生更多正面情绪，成为一个正面的循环。[9]

总的来说，正面情绪可以产生以下正面循环。[10]

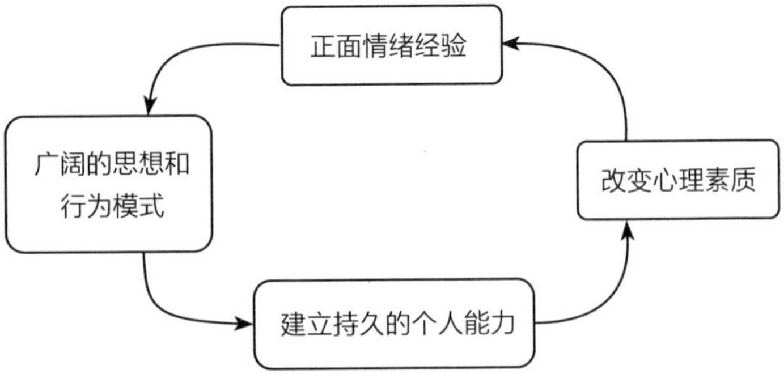

还有一个很重要的研究指出，假使一个人正面情绪和负面情

绪的比例大于 3 比 1，即正面情绪出现的次数比例较高，那么这个人很大可能是一个心理健康的人。[11] 这说明，现实中我们即使有负面情绪，只要多经历正面情绪，仍然是一个心理健康的人。相反，抑郁的人负面情绪与正面情绪的比例通常是 1 比 1 或更高，可见拥有正面情绪经历的重要性。

小资料

正面情绪实验

心理学家弗雷德里克森是研究正面情绪的权威。她曾做过一个很有趣的实验，目的是测试正面情绪是否会影响人的选择和行为。[12] 首先将受试者分成 5 组，分别观看引起不同情绪的短片，这 5 种情绪包括欢乐、满足、愤怒、惊慌和中立。之后受试者要尽量列出此刻他们想做的事情。结果发现，经历了欢乐和满足情绪的小组，相对其他组会列出更多想做的事情；相反，负面情绪小组列出的想做的事情最少，证明正面情绪可令人更有动力去做选择和采取行动，而负面情绪则刚好相反。

2. 快乐令人更健康长寿

快乐可以令人更长寿？这个说法听起来似乎有些不可思议，但的确有证据显示这并非天方夜谭。美国有一个研究，对 180 名修女年轻时写的自传进行分析，得出惊人的发现：最愉快的修女中，九成超过 85 岁；最不愉快的修女中，只有三成左右能这样长寿。[13]

在另一项研究中，翻查超过 800 位病人 40 年前的病历记录，发现乐观的病人较悲观者长寿 19%。[14]

最后要介绍的研究，是对 2 000 名年龄超过 65 岁的老人做的调查，结果发现这些老人两年后的生存率和自理能力与正面情绪相关。当计算了年龄、社会经济地位和健康情况等因素的影响后，快乐的老人较不快乐的老人仍多两倍多的机会存活和保持独立自主能力。[15]

由此可见，正面情绪的确是我们身体保持健康和长寿的一个重要因素，证明身体和情绪（心理）的确具有密切互动的关系。

小资料

国家快乐指数

根据英国莱斯特大学 2006 年公布的研究结果，在“世界快乐地图”（World Map of Happiness）中，不丹全球排名第八位。不丹被称为“喜马拉雅山下的香格里拉”，人均国民收入仅 1 400 美元，但其快乐排名比人均收入 31 500 美元的日本高出 80 名，也比人均收入 41 800 美元的美国高出 9 名，可见一个国家的经济实力与国民是否快乐并没有必然关系。

事实上，国家快乐指数较传统的经济指标（如国民生产总值）能更多元地显示一个社会的特色，尤其当环境污染、全球变暖等问题成为各国政府甚至普通大众的关注点时，我们实在需要反思何谓真正的“进步”“繁荣”，现代文明究竟是否能够等同于过度物质主义、消费文化、金融炒作，现代文明是否还应加上人文精神及身心健康等作为评价要素？

法国政府 2009 年提出考虑在国民生产总值外加上国民快乐指数为国力的参考，无疑为十多年前心理学界提倡的类似观点踏出了重要的一步。无独有偶，同年7月，英国智库新经济基金发表新一代快乐指数，其计算方法包含了生活满意度及该地对地球的损耗等，值得各国政府与大众反思。这崭新的快乐指数，或许可以在一大堆经济指标之外，为“不快乐”提供另外一个层面的解读吧！

四、哪些人比较快乐

哪些个人条件会带来更多快乐呢，到底有钱人是否更快乐？埃德·迪纳在这方面做了大量研究，综合分析得到的结论如下。[16]

1. 财富

富裕国家的人民一般比贫穷国家的人民快乐，在富裕国家，富有的人比一般人稍微快乐。但国民生产力的提升并不代表会增添快乐。例如，美国过去50年的财富增加了1倍，但美国人总体的快乐程度并未增加！而且，根据一项调查显示，虽然欧洲人的收入比美国人约低30%，但他们的快乐程度高于美国人。美国人的工作时间远多于欧洲人，后者会花更多金钱和时间在度假、享受福利和精神消费上。

也有研究指出，那些视赚钱为最重要人生目标的人，较一般人更不快乐和满足！这一研究结果或许值得我们深思，特别是金钱，到底在我们的人生中应占一个什么位置呢？

2. 婚姻状况

研究指出：已婚人士一般来说较离婚或单身的人更快乐。不过，留在不愉快婚姻里的人却是最不快乐的！有证据显示，较开心的人获得美满婚姻的机会也较高。

有一个有趣的研究，分析一班大学毕业女生的毕业照。笑容较灿烂的女大学生，若干年后更能得到美满的婚姻和美好的生活，而且这与她们是否拥有美貌几乎没有任何关系。可见，快乐的人的确可以拥有较多美好的东西！

3. 社交活动

友谊和社交生活对快乐的影响有多大呢？研究显示，快乐的人大多都有亲密的关系和活跃的社交生活。一项对大学生的调查发现，最快乐的一群人都拥有一个共同特色：他们都有活跃的社交生活，会投入相当的时间建立并维持亲密的友谊，并且能够向密友倾吐内心，建立深厚的感情。

再者，有证据显示，与人建立和谐合作的关系，相对于竞争性的关系，更能提升人的快乐。若别人有恩惠于你，你最好找机会回报，这样就能建立互惠互利的双赢关系。

4. 健康状况

是否健康的人才拥有快乐呢？不一定！研究指出，对自己健康的满意程度往往比客观健康情况更影响人们的情绪。另一方面，愉快的情绪也可提升我们对身体痛楚的承受力，并且快乐的人免疫能力也较强。

研究指出，经常运动有助于脑部分泌更多可增加愉快情绪的物质内啡呔（endorphin），长远来说，这可以增强心肺功能，减少焦虑和抑郁情绪，提高工作效率，改善自我形象。

5. 教育程度与工作

调查发现，教育程度高的人较快乐，而专业和技术工人较非技术工人快乐。如果你的职业能配合和发挥你的所长和兴趣，又给你相当的自主权，上述结论更为可靠。

6. 娱乐活动

娱乐和休闲活动都可带来短期的快乐，特别是有益的团体性娱乐活动，例如旅行、运动、音乐等活动。这些活动不仅能带来欢乐和松弛，还可增进共同爱好者之间的友谊，满足我们社交上的需要。

7. 遗传因素

研究显示，约 50% 的个人性格由先天遗传因素决定。每个人都有与生俱来的脾性，活泼开朗的孩子，长大后大多是性格外向的人，这与正面情绪有一定关联。相反，容易紧张发怒的孩子，长大后较易罹患焦虑和抑郁。

似乎每个人都有一个天生的情绪系数，决定我们长大后的情绪幅度。当然这个幅度也受后天和其他因素的影响，如现实环境和支持系统等。

8. 后天成长因素

虽然先天遗传因素决定了我们近一半的情绪幅度，但后天成长因素也占有很重要的位置。研究指出，我们的乐观程度、自信和自控感等性格特征，都与情绪关系密切。后天因素特别是家庭环境，直接影响这些性格特征的形成。

一般来说，乐观的父母容易培养出乐观的孩子，而对孩子的关爱和适当的管教，最能培养自信和自控感强的孩子。也就是说，亲子关系始终是影响孩子性格成长最重要的因素。

小资料

遗传因子研究

明尼苏达州大学教授戴维·莱肯（David Lykken）是行为遗传学专家。在一个名为“快乐孪生儿”的研究中，[17]他的研究团队收集了数百对同卵和非同卵孪生儿的快乐指数与资料，他们有些人是在同一个家庭中长大的，有些是在不同的家庭中成长。

研究结果发现，不论他们是否在同一个家庭中长大，同卵孪生儿的快乐指数最为相似，其次是非同卵孪生儿，最不相似的是父母的快乐指数。这个研究显示了遗传因子对个人的正面情绪影响有多大。

五、快乐是自选节目

相信大家都很关心一个问题：到底快乐是否可以随意加减呢？一个人对自己的快乐指数有多大程度的自主性呢？对于这些问题，心理学界有两种说法。

悲观的观点认为，由于情绪很大程度上由先天遗传因子决定，因此每个人的快乐幅度受到一定的限制，这在孪生儿的研究中可见一斑，他们的情绪相似程度高达50%～80%。每个人似乎都有一个固定的情绪幅度，不容易受环境因素的影响。心理学家发现，我们的情绪就像享乐跑步机（Hedonic Treadmill），任何改变都不过是短暂的，经过调整之后，最终会回到最初的水平。有调查显示，中了彩票的人，一年之后并不比没中彩票的人快乐。[18] 另一个悲观的原因是，快乐与个人性格有关，而性格本身是不容易改变的，例如忧郁和焦虑的性格。

心理学界另一派则主张，快乐是可以提升和改变的，这也比较接近积极心理学的立场。积极心理学指出，决定持久快乐指数（enduring happiness level）的重要因素有三个：天生幅度（set range）、环境（environment）和自主活动（voluntary activities）。

天生幅度（50%）+ 环境（10%）+ 自主活动（40%）= 持久快乐指数（100%）

现代脑神经科学的确为我们提供了这方面的证据，证明我们的情绪反应和性格很大程度上是由大脑活动控制的，而后者与我们的遗传因子有关。所以，在孪生儿的研究中，单卵细胞的孪生儿比双卵细胞的孪生儿有更相似的快乐指数。但遗传因素只是决定一个人的情绪幅度，他的正面情绪到底是处于情绪幅度的上限还是下限，则要看其余两项因素。一般而言，心理学家相信天生的情绪幅度约占整体情绪变化的 50%，而环境因素只占 10%，余下的 40% 属于个人自主活动。

环境因素是指个人生活中相对稳定的因素，例如国籍、种族、年龄、性别等成长环境和个人历史因素，例如童年经历、婚姻状况、工作环境、收入和健康状况等。乍一看，这些环境因素在情绪指数中占的比重好像很重，但研究结果指出，可能因为我们具有适应环境的本能，当事情过了一段时间之后，我们便会恢复到自身原有的情绪水平。因此，虽然我们可以因环境的转变（例如升职、结婚）使情绪在某段时期得到改善，但若我们缺乏健康的心理和成熟的性格，这些效果不一定会长久。

现在谈谈第三个决定因素：自主活动。这个内容包括任何我们在日常生活中所想和所做的事情。人类是有高等智慧的动物，可以有意识地选择自己的活动，并致力去完成目标，而这些自主活动会在很大程度上影响个人情绪。

自主活动在三个方面影响我们的情绪：思想方面，例如我们可以建立积极的信念，改变自己对事件的诠释和看法等；意志方面，例如我们决定投身有价值和意义的目标；行动方面，包括一切自己所做的事情。

一个明显支持自主活动可以提升快乐指数的重要证据，来自成长课程和心理治疗的成效。通过自我认识和自我改变的技巧训练，很多人在改善情绪状况方面成效显著，这是毋庸置疑的事实。多年的临床经验证明此话不虚，很多情绪病患者接受心理治疗后，都能改变自己悲观的想法和消极的行为，提升增加正面情绪的能力。

另外，有心理学研究指出，**当我们持续追求符合个人需要和利益的目标时，我们的满足感和正面情绪会提升**。心理学家谢尔登和柳博米尔斯基研究发现，相对于正面的环境转变，积极的自主活动长远来说更能维持我们的愉快感和满足感，其引发的正面情绪相对于环境改变所引发的正面情绪会更持久。[2]

1. 快乐是你的选择

总的来说，一个人是否快乐受很多因素的影响，但至少有四成与个人的选择和行动有关。这就像半杯水的故事，到底这个是好消息还是坏消息，在于你的判断和选择！

我们相信（这也是积极心理学的信息），不论一个人现在的快乐指数如何，他都有潜能和机会让自己生活得更快乐，希望大家现在就开始寻找能够让自己更快乐的途径。

本书余下部分，会为大家逐一介绍有理论和研究证据基础的快乐秘诀，无数人都体验过它们的功效和好处。当然，每个人都是独特的，你可能发现某些快乐秘诀对你来说比另一些有效，这也不稀奇，哪些是有效的快乐途径，要视你的背景、成长经验、性格甚至遗传因子而定。因此，**我们的建议是，选择或试验哪些快乐途径对你来说是奏效的，要以实际经验作为最后的评判**。渐渐地，你便可以设计出一套适合你个人的快乐秘籍，展开持续一生的快乐工程，为自己开创更美好的人生。

2. 快乐是一种陷阱吗

心理学家路斯·哈里斯（Russ Harris）在他的著作《幸福的陷阱》（*The Happiness Trap*）中以精辟的见解提醒我们，[19] 过分强调追求快乐，甚至以此作为人生唯一的目标，可能是一种“灾难”，结果适得其反，真正的快乐会离你更远。

哈里斯基于近年颇流行的“接纳与投身疗法”（Acceptance and Commitment Therapy，ACT）理论，认为人心灵的痛苦大多源于人性中对痛苦感觉的抗拒与逃避，以及过分追求短暂多变的快乐。他列出以下四种为一般人设下“快乐陷阱”的谬误想法。

谬误一：对所有人而言，快乐都是自然的状态。

事实不然。统计显示，社会上高达 10% 的人曾尝试自杀；20% 的人患有抑郁症，而人一生中罹患某种精神病的概率将近 30%！因此抱持这种想法的人显得过分天真，这种想法只会令自己更不快乐。

谬误二：如果你不快乐，表示你有问题。

“接纳与投身疗法”持相反的意见，认为不快乐或苦痛是人生常事，是正常的现象，因为人生本来就有苦有乐，心情的变化起伏很平常，不表示你有心理问题。“接纳与投身疗法”相信接纳自己所有的经历，包括正面和负面的情绪，乃是健康人生的基石。

谬误三：必须去除负面感觉，才能创造更美好的人生。

“接纳与投身疗法”的看法是，若你不准备接受不愉快的负面感觉，那你就不可能创造美好的人生。该理论不是让你去除这些感觉，而是安然接纳这些感觉，不必用“正面”感觉去取代“负面”感觉。接受这些感觉是生活中不能删除的部分这一现实，如在亲密关系中必然有甜蜜美好的感觉，但也会有失望挫败的感觉，这才是真实的人生。

谬误四：你应该能控制自己的想法与感觉。

事实上，我们控制自己的想法和感觉的能力并不像自己想象中那么强，认为自己能控制自己的想法和感觉，可能只是一厢情愿的看法。思维活动和感觉很多时候是非自主的，自然地出现于脑海中，有时越想控制可能越不受控制。因此，接纳的做法可能比控制更为实际和有效，不接纳且过分想控制或改变自己的感觉，其实是自寻烦恼，往往会造成更大的不快乐和情绪问题。

因此，“接纳与投身疗法”的基本理论认为，快乐的陷阱就是为了寻求快乐而逃避或压抑负面的感受，但问题是越这样做，就越会引发不好的感觉。大家不妨反思一下自己的经验，看看是否同意以上论述。

3. 快乐与痛苦并存

本书的主要内容是讨论并获得快乐，但探讨和研究快乐与正面的心理，并不表示人生就尽是美好，你压抑所有痛苦或不愉快的情绪，这只是自欺欺人的心态，并不能真正令你快乐无忧。积极心理学的焦点是研究正面美好的心理状况，但就像钱币的两面一样，人生的另一面——痛苦负面的一面，是我们不能也不应逃避的，我们仍要运用勇气和智慧去面对。心理辅导和治疗的理论与方法在这方面颇为有用，“健康情绪自助系列”中的《抑郁自疗》和《焦虑自疗》，就是针对负面情绪撰写的。

我们相信，**单单追求快乐，逃避面对和拒绝接受人生的苦痛是愚不可及的做法，只会带来短暂的满足而非持久的快乐。**美好的人生是在追求快乐和理想的同时，也能承载和转化负面痛苦，这才是完整真实的人生。

参考文献

[1] Diener E，Lucas R，Oishi S.Subjective well-being[M]//Snyder C R，Lopez S J（Eds.）.Handbook of Positive Psychology.New York：Oxford University Press，2002：63-73.

[2] Lyubomirsky S，Sheldon K M，Sckade D.Pursuing happiness：The architecture of sustainable change[J].Review of General Psychology，2005，9（2）：111-131.

[3] Snyder C R，Lopez S J（Eds.）.Positive Psychology：The Scientific and Practical Explorations of Human Strengths[M].Thousand Oaks：Sage Pub. Co，2006.

[4] Diener E，Biswas-Diener R.Happiness：Unlocking the Mysteries of Psychological Wealth[M].Malden：Wiley-Blackwell，2008.

[5] Ryff C D，Keyes C L M.The structure of psychological well-being revisited[J].Journal of Personality and Social Psychology，1995，57：1069-1081.

[6] Seligman M E P.Authentic Happiness：Using the New Positive Psychology to Realize Your Potential for Lasting Fulfillment[M].New York：Free Press，2002.

[7] Lyubomirsky S.The How of Happiness：A Scientific Approach to Getting the Life You Want[M].New York：The Penguin Press，2008.

[8] Fredrickson B L.Positivity[M].New York: Crown Publishers, 2009.

[9] Fredrickson B L.Positive emotions[M]//In Snyder C R, Lopez S J (Eds.) Handbook of Positive Psychology.New York: Oxford University Press, 2002: 120–134.

[10] Frederickson B L, Joiner T.Positive emotions trigger upward spirals toward emotional well–being[J].Psychological Science, 2002, 13 (2): 172–175.

[11] Fredrickson B L, Losada M F.Positive affect and the complex dynamics of human flourishing[J].American Psychologist, 2005, 60: 678–686.

[12] Fredrickson B L.Cultivating positive emotions to optimize health and well–being[EB/OL].Prevention and Treatment, 2000[2003–1–20].http://journal.apa.org/prevention.

[13] Danner D D, Snowdon D A, Frissen W V.Positive emotions in early life and longevity: Findings from the nun study[J].Journal of Personality and Social Psychology, 2001, 80 (5): 804–813.

[14] Marunta T, Colligan R, Malinchoc M, Offord K.Optimists vs.pessimists: Survival rate among medical patients over a 30 year period[J].Mayo Clinic Proceedings, 2000, 75: 140–143.

[15] Ostir G, Markides K, Black S, Goodwin J.Emotional well–being predicts subsequent functional independence and survival[J].Journal of the American Geriatrics Society, 2000, 48: 473–478.

[16] Diener E, Biswas–Diener R.Happiness: Unlocking the Mysteries of Psychological Wealth[M].Malden: Wiley–Blackwell, 2008.

[17] Lykken D, Tellegn A.Happiness is a stochastic phenomenon[J].Psychological Science, 1996, 7: 186–189.

[18] Brickman P, Coates D, Janoff–Bulman R.Lottery winners and accident victims: Is happiness relative ? [J]Journal of Personality and Social Psychology, 1978, 66: 199–214.

[19] 路斯·哈里斯.幸福的陷阱[M].邓竹箐，祝卓宏，译.北京：机械工业出版社，2018.

第二篇

快乐的秘诀（基础篇）

本书将各种快乐途径分为两类，分别在基础篇和进阶篇中介绍。

基础篇是个人要达到持久快乐所需的心理素质和基本态度，包括思维、心态、生活及品格四个方面。这些都是建立美好人生所需的心理条件和习惯，也是个人可以建立和守持的基本心态。本书将会逐一介绍和探讨，并提出具体可行的训练方法，帮助大家建立正面的心理习惯和良好态度。

第三章　快乐思想：乐观和积极

乐观的人认为危机中充满机遇，悲观的人则认为机遇中满布危机。

——英国政治家温斯顿·丘吉尔（Winston Churchill）

坚守信念和怀着热诚做人，才能活得有意义。

——美国法学家小奥利弗·W·霍姆斯（Oliver Wendell Holmes，Jr.）

一、负面思想：不快乐的元凶

无数积极心理学研究归纳出的第一个快乐秘诀，就是乐观积极的思维模式。若想明白这一点，先要了解思想对于大家的重要性。一个不变的事实是：有怎样的想法，就会有怎样的心情，某种程度上就会有怎样的人生。你的想法直接影响你的心情或情绪，很多人活得不开心，很大程度上是被负面思想习惯所累。相反，乐观积极的思想可以让人活得开心和精彩。思维模式的转变，甚至可以带来心情乃至整个人生莫大的改变。

举个例子，假如你习惯悲观地看待事情，容易为遇到的困难忧心忡忡。遇上身体抱恙，感到不适，便会胡思乱想，唯恐身染绝症，但又因害怕不幸猜中，一直不敢去看医生或做身体检查，结果你的忧虑无法化解，渐渐损坏身心健康。

又如，你一向对人抱以不信任的态度，总是猜疑对方有不轨企图和动机，以至于经常对同事严加防范，步步为营，不能以真心待人，或疑神疑鬼，猜测别人对你不利。那你自然很难融入团队之中，发挥团队精神，与同事的关系必定大打折扣，难于合作。上司看在眼里，也会对你做出负面评价，直接影响你的事业发展或晋升机会，这都可能是负面思维模式造成的恶果。

当然，你可以反驳，说负面想法也并非全无根据，小心忧虑也有正面的价值，所谓“防患于未然”“小心驶得万年船”。不错，小心谨慎确有好处，但心理学及心理治疗发现，**许多情绪病或情**

绪困扰都源于过度的负面思维模式。当情绪病患者通过心理治疗或心理自助改变了负面思维模式后，情绪健康也会得到很大改善，这些研究结果支持了认知治疗（心理治疗的一个主流，以改变思想为主）的成效。

为什么人会有这些负面的思维模式呢？原因非常复杂，包括遗传因子、家庭背景、童年经验、性格特征和人生际遇，等等，此处不详述。不过，其中有一个重大的关联因素，就是想法背后的期望或要求。我们对己对人对事有期望是正常的，可惜很多时候这些期望超出合理和应有的水平，变成固执的要求，当现实不能满足时（事实上现实根本不可能满足这些过分的要求），我们的情绪就会受到困扰。[1,2]

你有以下的要求和期望吗？

- 所有人都要喜欢和接纳我。
- 我一定要在所有事情上取得成功。
- 我一定要表现得完美无瑕，无懈可击。
- 世事应该如我所期望的那样演变。
- 这世界应该是绝对公平公正的。
- 我不能忍受任何挫败和痛苦。

大家想到其他过分的要求了吗？这些期望或要求，都是我们人性中的基本渴求和需要，例如被爱、被接纳、有成就感、有自尊。但当大家将这些心理需要扭曲成绝对的要求，以为得不到就必然不快乐时，那就是自寻烦恼，为负面思想和情绪铺路。你可以期望别人喜欢你，但不能将它变成要求，因为不喜欢你的人总会存在，你也得接受这个事实。同样，你期望通过个人努力换来成功或满意的成果，但你不应该强求凡事一定要成功，否则就可能不快乐，因为这些不过是扭曲了的期望，现实人生和世事不是这样的。

当你抱有这些扭曲和不合理的期望时，自然容易对事情产生负面想法。例如，当你要求所有人都必须喜欢你，其实是你心底非常害怕被人拒绝，所以容易怀疑别人的用心，对别人的态度过分敏感，导致在人际关系方面出现问题。

研究显示，习惯负面思想的人喜欢将自己浸淫其中，特别是忧虑和悲观的想法，不能从中摆脱。其实，这些负面思想不能帮助我们解决问题，反而令自己更加烦恼，增加心理负担，这也成为许多人抑郁和焦虑的原因之一。

1. 对症下药：消极悲观思维的疗方

要活得开心，必须改变自己负面的思维模式，最佳方法莫过于培养和锻炼正面乐观的思维。乐观和悲观是天生没法改变的个性吗？现代心理学理论和研究告诉我们一个大好信息：乐观是可以学习的，悲观是可以改变的。

积极心理学研究指出，相对于悲观的人，乐观的人的确可以拥有较多正面心理能量和较美好的生活（西方心理学研究中有这个结论），包括：

- 拥有较高的学业及事业成就。
- 比较善于解决问题和应付压力。
- 较能适应疾病（如癌症）带来的打击，并能在手术后有较好的康复。
- 有比较良好的人际关系。

- 较少机会患上如抑郁症等情绪病。
- 有较佳的身体健康和免疫能力。

研究发现，接受心脏搭桥手术的病人中，被测试为乐观思想的病人，相对于悲观思想的病人，在手术前他们抑郁和愤怒的情绪较少，手术后一星期心情较愉快和轻松，比较满意医护人员的素质和亲友的支持，并分别在6个月及5年后有较佳的生活质量和满足感。[3]

另一个在大学生中做的研究发现，当回忆过去一个月感到压力最大的一件事时，相比于悲观的受试者，乐观的受试者在事件中会用较多解决问题的方法，会采取较多正面的观念，更能接受现实。[4]

还有一个颇有创意的研究：心理学家向一家大学游泳队队员提供虚假的负面评语，指出他们的游泳技术有许多不理想之处，结果乐观的队员竟能因此而推动自己，游出比之前更好的成绩，但相对悲观的队员则不能。[5]

上述研究结果显示，乐观的态度和思维的确更有好处。乐观为何可以有这么多好处呢？其中的窍门在哪里？心理学家研究发现，乐观对人们的心理至少能创造以下几种优势。[6,7]

（1）乐观可以制造自我应验的预言（self-fulfilling prophecy）。

乐观的思维令人们更愿意长期付出努力去达成人生目标，也比较容易相信目标是可以达成的，即使遇到阻碍或困难时仍能坚持下去，从而增加成功的机会，造成自我应验预言的效应。

（2）乐观能帮助我们有效面对逆境和克服困难。

研究显示，乐观的母亲较少患产后抑郁症。面对困难，乐观的人会积极主动地寻求解决方法，不容易气馁，并能采取实质行动。

（3）研究指出，乐观让人更有自信、更有活力、心情也更愉快。

乐观的确是非常令人羡慕的心理特质，绝对可以提升自己的积极乐观思维。

小资料

乐观可以培养吗？

塞利格曼博士及其研究团队进行过一项研究，[8] 以小组形式教授一群情绪病高危学童改变自己想法的技巧，鼓励他们多抱持乐观（但不脱离实际）的看法，并且实践“三思而后行”等社交行为。经过12周的训练后，研究发现，该批学童比起背景相似的高危学童较少出现抑郁症状，想法更为乐观。重要的是，训练的影响力可以持续到两年之后，而且效果更加显著（如图表所示）。这似乎证明在有抑郁倾向的学童中，乐观可以通过训练来培养，从而减轻抑郁症状。

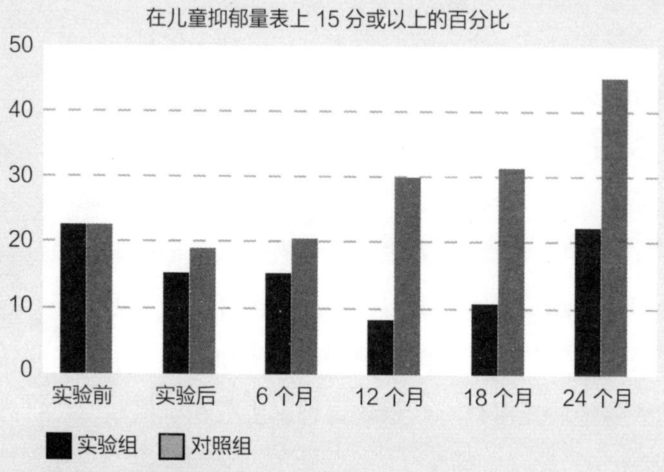

注：分数越高，抑郁情况越严重。

2. 什么是乐观

乐观是一种态度、一种思维，至少包括以下几个方面。[9,10]

（1）乐观能够对未来的事情抱有正面的期望和估计，相信美好的事情会发生。虽然困难与问题可能存在，但整体来说，乐观的人对未来仍抱有希望和正面期待。这是一种非常重要的推动力，让我们相信人生仍然美好，自己的努力不会白费。这种心态大多源自基本的安全感和对世界的正面诠释。这种态度部分是天生的，部分则与后天成长经验有关。

（2）乐观能够对已经发生的事情做出正面有利的解释，不会侧重负面不利的诠释，庸人自扰。我们对事情的判断和解释会左右心情，乐观就是能够看到事情有意义、有价值的一面，例如失败乃成功的踏脚石，逆境是上天赐予的磨炼机会等。事情本身未必是坏事，但若你只顾钻牛角尖，把它看得很坏，认为完全是自己的失败或别人的攻击等，你就难免落入坏情绪之中。悲观的人更是会过分自责，将失败归咎于自己，甚至把自己作为失败者或无能者，这难免会严重打击自信心和心情。

（3）乐观能够谨守正面积极的人生信念或信仰，纵然现实并不十分如意。一个人能够对事情抱有乐观态度绝非偶然，背后通常存在一套积极有效的人生信念或人生观，相信生命的价值和意义，相信自己的能力和努力，相信人生可以变得更美好。抱有这种正面的人生信念，就能乐观面对挑战和困难，不容易气馁；累积的人生经验还可以不断强化这种人生观和价值观，让自己变得更坚强。

当然，这种人生观不一定表示你要独自去面对种种挑战，你也可以依赖“外力”，包括别人的支持、资源以及信仰等。

3. 乐观与悲观的对比

与乐观相反的就是悲观。悲观虽然有时有防患于未然的作用，但也是一种制造坏影响的思维。最坏的要算杞人忧天式的悲观，凡事总爱往最坏最差的方面去想。这种思维会侵蚀人们的勇气和信心，夺去动力与活力，让大家只能做一个消极的人。所以，要慎防自己落入悲观的思维陷阱，不要让自己的人生变得暗淡无光。

综合各方面的理论和研究，可以总结出乐观与悲观的人在心理素质方面大致的分别，如下表所示。

乐观的心理素质	悲观的心理素质
对人生抱持正面的态度	对人生抱持负面的态度
对未来抱有希望	对未来不抱任何希望
为生活设定目标	没有为生活设定目标
会努力完成自己设定的目标	不会为自己的目标而努力
积极面对和解决困难	逃避面对和解决困难
对事情抱有正面的诠释	对事情抱有负面的诠释
正面的自我形象	负面的自我形象
不易被失败拖垮	容易被失败拖垮
对过去和现在感到满意	对过去和现在有很多失望和遗憾
较多愉快正面的情绪	较多不愉快负面的情绪

快乐指数

你是个乐观的人吗？

你同意以下看法吗？	是	否
1. 我觉得生命很美好。	□	□
2. 我很期待我的未来。	□	□
3. 我正一步一步地为我的目标而努力。	□	□
4. 遇到困难时，我通常选择去面对。	□	□
5. 凡事我都向好的方面想。	□	□
6. 我觉得自己很不错。	□	□
7. 失败是一种学习 / 我不怕失败。	□	□
8. 我对过去和现在都感到满意。	□	□

根据我们的了解和经验，你的答案“是”越多，“否”越少，表示你越有可能是个乐观的人。（请注意：这并非一份标准化的心理量表，只供个人参考之用）

资料来源：Scheier M F，Carver C S.Life Qrientation Test，1985.

二、积极：向前的动力

乐观固然可以让人快乐，积极则会让人在人生道路上不怕艰难，勇往直前。什么是“积极”呢？它与“乐观”有何不同？乐观是对人生对事情抱持正面的态度，相信美好的可能；而积极则是一种带有责任感甚至使命感的心态，是一种价值取向。

抱持积极心态的人会有以下几种观点。

(1) 做人有其价值和意义，不论是天赋的，还是自我发现或创造的，我们都应肯定人生是有价值和意义的，否则很难感到满足并且有动力去生活。

(2) 人生必然有痛苦和困难，现实中无法避免，我们应该勇于面对和接受，不能因失败或挫折而放弃追求美好的有意义的人生。

(3) 物质与名利、成与败、得与失都不是人生最重要的东西。积极的人生态度应超越这些庸俗的心态，关注更高层次和更美好的事情，这样才能平静豁达地面对人生的起落。这一点差不多所有哲学或宗教都一致认同。

也许你觉得以上“积极”的心态颇有哲学或道德的意味，这是正确的，哲学为的是寻求真相，道德让我们懂得如何过有价值的生活，这都是“积极”思维的重要基础。事实上，信仰或灵性生活也是很多人重要的“积极”元素。

“积极”不能空谈，许多人口边常挂着积极鼓励的话，做出来却是另一回事。要做到积极，除了正面的思维和心态之外，坚定的意志和实际行动也是不可缺少的。面对困难和逆境而不气馁，坚强的意志固然非常重要，乐观和行动也是不可或缺的。正如《圣经》所说：“这样，信心若没有行为就是死的。”(《雅各布书》2:17)，没有行动的积极是不可能和自相矛盾的。积极的人都会采取行动，而且是持续不断地用行动来追求心中的目标，不达目标绝不轻言放弃。

因此，具有清晰的目标和计划，清楚自己想做的事情，而且努力不懈地去完成，这才是“积极”的含义。总的来说，“积极”不单是一种思维，还涉及人的知、情、意、行四大方面，是快乐人生不可或缺的。

积极态度与乐观思维有很大关联，通常悲观的人很少会表现得积极。悲观的思维只会让人变得消极，缺乏信心去尝试或冒险，自然很少有成就感和满足感。相反，乐观与积极通常都是相辅相成的，乐观思维让人对未来有所憧憬，对达成目标抱有希望，因此也容易产生较大的动力去采取积极的行动，遇到挫折时不会轻易放弃，可见乐观对积极的重要性。

当然，我们必须强调，乐观积极的思维并不代表大家要相信一切都是可能的。只要想得到就可以得到，这不是乐观，而是天真！这种态度不但无益，反而有害。譬如过分乐观会导致投资过度激进，进而遭受惨重损失。**健康正确的乐观应是合理基础上的乐观**（realistic optimism），[11] **希望和正面思维都是构建在现实基础上，绝非空中楼阁。**一般而言，对自己较了解和抱有自信，对人生采取积极态度的人，有更大的机会拥有这种正确的乐观心态。

心灵故事

笑看人生悲喜

香港特区前立法会主席范徐丽泰女士的故事，相信很多人都听过。她在政坛上的经历很多人都知道，但她积极面对人生磨难的故事，你可曾听说过？

范徐丽泰与丈夫范尚德育有一子一女，范家长年受疾病困扰。1994 年在加拿大念书的女儿，被诊断患上急性肾脏衰竭。当时范徐丽泰立即辞去工作，前赴加拿大照顾女儿。1995 年，她还捐出左肾以挽救女儿的生命。2001 年，范徐丽泰被证实患上二期乳癌，于是动手术切去左边乳房。手术后，她出现了淋巴结肿胀的后遗症。

另外，范尚德曾在 20 世纪 80 年代一次输血手术中感染丙型肝炎，其后逐步发展为肝硬化及肝癌，最后于 2004 年病逝。虽然范徐丽泰面对很多挫折，也经历过失去的伤痛，但她仍然选择以积极、乐观的态度去面对人生磨难。正如她的文章所说：

“有一条路，我们每个人都要走，并得走完，这就是人生之路。路上有悲欢离合，喜怒哀乐，生老病死，还有数不尽、说不完、画笔难描的种种风光。在何时会遇上何人、何事、何境，我们都无法预计。俗语说得好：‘人算不如天算’。的确，没有人能预知未来，但我们是否就应放软手脚，望天打卦，逆来顺受，接受命运的安排？我的回应是‘不’！我虽然没有能力控制外来因素，但我可以控制自己。也就是说，我可以调整自己对人对事的看法和做法。”

范徐丽泰积极乐观的态度来自她对人生抱有积极的想法，无论顺境逆境，都坚持自己的信念，绝不气馁，竭力追求充实而有意义的人生。

学习积极与乐观的态度，起初你可能会觉得十分困难，尤其当你一向是个悲观的人时。但只要你认定乐观的好处，愿意持之以恒地练习，就能掌握其中窍门，熟能生巧，一段时间后就会变得比之前乐观积极。

有恒心之余，懂得有效的练习方法也是非常重要的。下面建议的方法大多经过验证，是有效提升乐观的途径，你可以按这些建议拟出具体的行动计划。

1. 勾画人生蓝图

若想要乐观，可以先勾画出理想的人生蓝图，憧憬未来5年、10年甚至20年你最想达到的境界。当然，这些理想必须是有可能达到的。学者劳拉·金（Laura King）在一项研究中指出，只要人们连续一星期，每天用20分钟写下未来理想的自己，相对于对照组（每天只记录生活琐事），他们会感到更愉快，甚至几个月内他们的身体不适都会减少，可见正面的憧憬或想象的力量有多大。[12]

写下这些理想后，你可以再拟定一些能达到理想的中期目标和短期目标，越详细和具体越好。短期目标通常来说比较容易做到，可以让你不会因为理想远大、遥不可及而感到气馁，有助于你信心满满地去实践自己的理想。

2. 回望过去的经历

培养乐观，最好的莫过于仔细地回忆一些引以为荣或心满意足的成功经历，可以是你努力工作得来的成果，也可以是别人对你亲切的关怀和支持，这类回忆越多越好。耐心欣赏每个事件之中美好的一面，包括引发事件的原因和其中涉及的正面因素，不论是关于内在（自己）的，还是关于外在环境的。过去的这些美好人生经历可以成为你对未来乐观的最佳理由和动力。

为何要刻意去做这种练习呢？原因很简单，因为大家很多时候只会记住过去一些痛苦失败的经历，这会降低自己的正能量，忽略自己曾经拥有过的正面愉快的经历。

如果不去回忆和发挥这些正面经验，不是很可惜吗？

3. 清除消极的思想

如前文所述，消极悲观的想法是积极乐观的大敌，但你不必受制于这些想法。行为治疗和认知治疗都有大量研究，证实改变负面思想是绝对可能的。塞利格曼博士是乐观思维的权威，在以上两种治疗方法的基础上，他发展出了一套简单实用的对付负面思想的方法，称为认知重整 ABCDE 法，[13] 只要大家有恒心练习，思想就会变得越来越灵活，越来越正面。

这套方法如下。

A（Adversity）逆境——引发负面思想的通常是一项困难或造成压力的事件。

B（Belief）信念——人们对事情负面悲观的理解和想法，通常是过分主观的，夸大情况，不符合实际且忽略了事情正面的地方。

C（Consequence）后果——指 A 和 B 合起来引发的个人负面情绪或行动的结果。

D（Distancing/Disputation）抽离 / 反驳——要化悲观为乐观，先要以客观和抽离的心态去看待 A，跳出困扰自己的想法和情绪，为自己的思想改变创造先决条件和足够的空间。研究证明，情绪会左右思维活动，所以冷静的情绪是灵活思维的条件，不可忽视。

Disputation（反驳）是转化悲观思维的关键，要挑战自己那些负面的想法（B），找出新的正面想法。例如可以反问自己以下问题：

- 我原本的想法是否有不合理或不符合现实的地方？
- 我可以用什么新角度与观点来看待这件事情？
- 我的新想法是否比旧想法好或有用？
- 我如果不改变旧的负面思想会有什么后果？
- 若我采用新的想法，会产生什么后果？

E（Energization）更新——经过 A、B、C、D 四个思维步骤之后，你会感到心情有所改善，乐观感和希望感增强，心灵重新有了力量，有一种自我更新的感觉。

这套思维重整方法看似简单，但要运用得纯熟，也要花一番工夫和时间才行。刚开始最好将过程和思维记录下来，使之更清晰和有条理，熟练之后，便可以在大脑里自我调整，完成由 A 至 E 整个步骤。

以下是一个示范。

你面前有一大堆文件要处理，从早上你就开始感到煎熬，想到如果要完成面前的工作，肯定没有时间去看球赛、购物或与孩子玩耍，于是开始觉得有点烦躁。终于，你决定先上网看一下新闻，然后收发邮件，打印文章。不觉间一天又过去了，工作还没有完成，你的心情越发苦恼，面前的工作也变得越来越难以完成。

运用认知重整 ABCDE 法，事情其实可以这样分析。

A（逆境）：一大堆工作要完成。

C（后果）：烦躁、不安；千方百计地以拖延去面对。

B（信念）：“我一定做不来”“做了等于抹杀自由及享受的时间”。

开始练习时，可以先写出 A 及 C，这会让你很容易地列出 B 的内容。D 如何去做呢？你可以试试以下想法。

D（反驳）：“我会不会夸大了工作的难度及所需的时间呢？”“以前是否有愉快完成工作然后享受生活的经历？”“究竟是积极面对还是拖拖拉拉浪费的时间更多呢？”

在你习惯留心自己的内心想法后，就会体会到产生不安情绪的不是 A，而是 B——你的信念。当你能理出自己的情绪和行为之间的关系，并体会到信念是可以选择的时候，你就会渐渐地为行动注入动力，打破消极循环。

E（更新）：安排完成工作后的活动作为奖励，对自己说“万事开头难”，把工作分成若干部分逐步完成等。

4. 模仿乐观的对象

学习的一种有效方法就是模仿，正如教练会将招式示范给学员看。我们若想学习乐观积极的心态，可以尝试结交或多留意观察一些乐观积极的人，从中感受这些人的心态和正能量，说不定能从他们身上学到一些“秘诀”。

我们相信，好坏情绪和正负面思想是会彼此感染的，若大家多认识及接触开朗乐观的朋友，留意他们如何应付问题和困难，如何计划未来，如何创造梦想，等等，就会得到很多有用的启发和灵感，改变自己的心态和思维。

5. 正确看待结果

我们自幼接受的教育、周围的环境和社会文化，过分强调可量度可见到的成绩和实质结果，造成许多人的性格过分紧张和焦虑，害怕失败或交不出一张漂亮的“成绩表”，由此造成负面情绪。在这种情况下，若想培养自己的乐观思维，就必须用正确的态度去看待自己做事的结果。**我们重视的应是整个过程中自己的意念和态度是否正确，是否尽了力，还有其中的学习和成长，这些比事情的实质结果更重要。**只要大家能校正自己的态度，以学习和成长的心态去看待成败得失，便能较容易地保持乐观和积极。其实任何事情和经历总有正面和有价值的地方，大家必定能从中学习到一些知识，发现让自己成长的机会。

人生是一个不断进步和成长的旅程，不要抱着固步自封的心态，要不断学习新事物，领悟人生的真义。不论你的境况如何，你都有理由乐观。

小资料

培养乐观的孩子

乐观既然是一种非常正面和有益的个人性格特质，我们是否应该在培育下一代时多注意这方面的发展呢？答案是肯定的。研究显示，乐观的确可以通过学习得来，而孩童和青少年阶段是最佳的学习时机。如何培养孩子的乐观呢？为人父母或师长可以留意以下几点。

- 以身作则，自己首先做一个乐观的人，自然可以感染你的孩子。
- 多欣赏和赞赏孩子，发掘和帮助孩子发挥优点和潜能。
- 多鼓励孩子追求自己的理想和目标，并肯定努力的成果。
- 让孩子多一些愉快的生活体验，如发展爱好、兴趣等，拥有正面情绪的人较容易乐观。

哥伦比亚大学教授卡罗尔·德韦克（Carol Dweck）是研究成长心态方面的权威，她的研究结果指出，父母或老师不应太多夸赞学生的聪明才智，而应多赞赏学生的努力、看法、毅力、应付问题的能力等，这才有助于他们建立持久的自信和积极乐观的思维。[14]

可惜的是，很多孩子在成长中并未获得以上的正面培育，相反，因为父母过分严格的要求和苛刻的批评，甚少赞赏孩子，以至于这些孩子长大后缺乏自信和乐观的心态，总是害怕做得不够好，对别人的意见格外敏感，害怕失败和出错。

三、负面思考的力量

你可能认为这个标题是手写之误，其实这是日本一位精神科医生最上悠的著作名称[15]，他对主流心理学界鼓吹的“正面思考”和“乐观思想”不以为然，认为这种观点制造了许多人不必要的自卑自责心态。事实上，许多人的性格都带有悲观和负面思想的习性，要一下子改变几乎不可能，甚至会对这些人造成极大的心理压力。而且，“过分乐观”“防卫式的正面思考”（即阿Q精神）带来的恶果往往比好处更多。因此，勉强自己正面积极，阻断所有负面信息，是不切实际和非常危险的做法。

最上悠用足球比赛来比喻说明他的观点：防守型的踢法虽然难以进球，但失球的风险大幅降低；反观攻击型的踢法，这种方法可能会带来进球，但因只顾“正面积极”而被突袭失分的风险也大大提升。足球如是，人生亦如是，攻守和正负面的平衡哲学是非常重要的。

最上悠批评美国社会弥漫着一种“过度的积极文化”，对负面事情的忍耐力相对地大大降低，这可以说是烦恼困扰的温床。其实，正负面情绪是人适应现实时的自然反应，接纳和消化这些情绪是正常健康的做法。曾经有一个心理学实验，让演员表现出悲喜的情绪，发现两种情绪都能让身体的免疫功能提高。这个结果指出，经历和接受自己的正负面情绪，比只有正面情绪可能更健康。

事实上，适当加入一些负面观点，反而能更正确地看到和适应现实。负面思考可以为过了头的正面思考扮演一个刹车的角色，避免落入过分乐观和天真的陷阱。同时，承认并适度释放自己的负面情绪，就像一个心理安全装置，是健康的防卫机制。所以，我们鼓励大家在培养积极乐观的同时，也要善于接纳和利用自己负面情绪的力量，达到平衡有效的适应。

四、中国人的达观与积极

现在你应该相信：乐观的确有很多好处，是快乐的源泉。当我们回顾中国文化，似乎谈论乐观的地方不多，更多的是推崇“达观”这种处世态度。这多少反映出中西文化不同的侧重点，西方文化强调积极进取，高超的科技发展就是一个例证。东方文化则注重融和与平衡，儒释道的思想是其中的佼佼者。中国文化推崇达观的精神面貌，从心理学分析也不无道理。**达观包含一种从容自在的态度，不为名利物欲所困，能坦然接受人生的起起落落。**我们认为，相对于乐观，达观的心态似乎更能叫人不强求，更能承载得失成败，更叫人心灵恬静安适。达观与乐观各有好处，大家可以视自己的性情和实际境况加以学习。

另一方面，**中国文化也蕴含许多积极做人的元素，特别是儒家思想，由个人的修为到治理家国，处处反映出积极的人生态度。**“古之欲明明德于天下者，先治其国；欲治其国者，先齐其家；欲齐其家者，先修其身；欲修其身者，先正其心；欲正其心者，先诚其意；欲诚其意者，先致其知；致知在格物。”若能多吸收这些文化素养，将有助于我们更积极地面对人生的种种挑战。

心灵故事

欢喜看人生 / 杨清煌

人生有三态，悲观、乐观与达观。

悲观的人在山脚看世界，看到幽冥小径；
乐观的人在山腰看世界，看到柳暗花明；
达观的人在山顶看世界，看到天广地清。

悲观的人说：人生像一杯苦酒，清浊均苦涩。
乐观的人说：人生像一杯美酒，点滴皆芬芳。
达观的人说：人生像一杯清泉，冷暖都清凉。

悲观的人看到花谢的悲伤；
乐观的人看到花开的灿烂；
达观的人看到花果的希望。

悲观的人见到人生的生老病死；
乐观的人见到人生的甘甜喜乐；
达观的人见到人生的春夏秋冬。

悲观的人叹人生步步走向死亡；
乐观的人赞人生步步迈上顶峰；
达观的人悟人生步步回归自然。

悲观的人趋向阴暗一角；
乐观的人迎向光明一面；

达观的人横跨阴阳二界。

悲观的人埋怨风向；
乐观的人等待风向；
达观的人调整风帆。

悲观的人用加法生活，平添劳苦；
乐观的人用减法生活，减少忧伤；
达观的人用除法生活，分享喜乐。

如果黑暗不能映现星光，我宁可趋向太阳。
如果哭泣不能看见海洋，我宁可面对穹苍。
如果埋怨不能唤回春天，我情愿化身春燕。

快乐工坊

乐观逆向思维练习

试试看，你能否在以下看似不幸的际遇中找到乐观或积极的理由。

- 际遇一：原本计划好的欧洲旅行活动因工作关系被迫取消，感到非常失望。

  乐观积极的理由：

- 际遇二：高考成绩出乎意料地差，不能修读心仪的大学。

  乐观积极的理由：

  ____

  ____

- 际遇三：谈了三年恋爱的男友 / 女友突然提出分手，态度非常决绝。

  乐观积极的理由：

  ____

  ____

- 际遇四：金融危机中被公司裁员，加入了失业大军。

  乐观积极的理由：

  ____

  ____

- 际遇五：检查身体，发现自己患有心脏病，而且病情不轻。

  乐观积极的理由：

  ____

  ____

快乐小点子：乐观积极小秘方

1. 当遇上逆境或困难时，尝试转念多看事情正向的一面，找出有意义或有帮助的地方。
2. 注意自己负面消极的思想，运用认知重整法，注入正面积极的思想。
3. 接纳和原谅自己曾经犯过的错误，吸取其中的教训，但不要过分自责，积极地向前看。
4. 留心观察身边乐观积极的人是怎样解决问题、克服困难的，尝试效仿他们的做法。
5. 列出 10 件你认为不如意的事情，试着为每件事情挖掘两个好处，培养逆向思维。
6. 阅读一些成功克服困难和逆境的人物传记。
7. 面对挑战或困难时，回想自己过去面对类似问题时的成功经验。
8. 鼓励自己不去逃避问题，而是思考如何克服障碍以达成目标。
9. 记录自己已达成的目标，回忆自己当时的付出和坚持，以及达到目标后的快乐与满足感。
10. 想象将来可能达成的目标，以及在实现目标过程中自己付出的努力和达到目标后的满足感，作为自己行动的推动力。
11. 阅读励志的故事或观看同类电影，作为一种自我激励。
12. 寻找乐观积极的名句，体会其中的智慧。
13. 实施一项新计划，细心策划安排，全力以赴，坚持到完成为止。
14. 与你信任的人分享你的理想与目标，让他们成为你的支持者和鼓励者。

15. 每星期订下并完成一个小目标，这个目标可以是工作方面、余暇方面、人际关系方面的，完成后赞赏、慰劳一下自己。

参考文献

[1] Alan C.Positive Psychology: The Science of Happiness and Human Strengths[M].New York: Brunner-Routledge, 2004.

[2] Peterson C.The future of optimism[J].American Psychologist, 2000, 55 (1): 44-55.

[3] Fitzgerald T E, Tennen H, Affleck G, Pransky G S.The relative importance of dispositional optimism and control appraisals in the quality of life after coronary artery bypass surgery[J].Journal of Behavioral Medicine, 1993, 16: 25-43.

[4] Scheier M F, Weintraub J K, Carver C S.Coping with stress: Divergent strategies of optimists and pessimists[J]. Journal of Personality and Social Psychology, 1986, 51: 1257-1264.

[5] Seligman M, Nolen-Hoeksema S, Thornton N, Thornton K M.Explanatory style as a mechanism of disappointed athletic performance[J]. Psychological Science, 2006, 1 (2): 143-146.

[6] Lyubomirsky S.The How of Happiness: A Scientific Approach to Getting the Life You Want[M].New York: The Penguin Press, 2008.

[7] Fredrickson B L.Positivity[M].New York: Crown Publishers, 2009.

[8] Gillham J E, Reivich K J, Jacox L H, Seligman M E P.Prevention of depressive symptoms in school children: Two-year follow-up[J]. Psychological Science, 1995, 6: 343-351.

[9] Scheier M, Carver C, Bridges M.Optimism, pessimism and psychological well-being[C].In E. Chang (Ed.) .Optimism and Pessimism: Theory, Research and Practice.Washington DC: American Psychological Association, 2000: 189-216.

[10] Seligman M E P，Reivich K，Jaycox L，Gillham J.The Optimistic Child[M]. New York：Harper Perennial，1995.

[11] Schneider S L.In search of realistic optimism[J].American Psychologist，2001，56(3)：250–263.

[12] King A.The health benefits of writing about life goals[J]. Personality and Social Psychology Bulletin，2001，27：798–807.

[13] Seligman M E P.Learned Optimism：How to Change Your Mind and Your Life[M]. New York：Pocket Books，1998.

[14] Dweck C S，Muller C M.The intelligence can undermine children's motivation and performance[J].Journal of Personality and Social Psychology，1998，75：33–52.

[15] 最上悠 . 负面思考的力量 [M]. 黄玉萍，译 . 北京：华夏出版社，2010.

第四章　快乐态度：感恩和知足

心存感恩是高尚人格的象征。

——伊索寓言

人生最大的不幸，就是不知道自己是幸福的。我们很少想到自己拥有什么，却总是念念不忘自己缺少什么！

——中国台湾作家何权峰

要过一个快乐满足的人生，第二个秘诀就是学习感恩与知足。

先看下面的小故事。

朋友有个两岁的儿子，天真烂漫，活泼可爱，名字叫朗朗。一天，父母如常与他谈天说地，玩耍嬉戏。蹦蹦跳跳的朗朗走向母亲，嚷着要吃东西。母亲拿了一块饼干给他，朗朗便笑道："食物，阿门。"又有一天，一位朋友送了一套汽车玩具给朗朗，礼盒中有巴士、小巴和的士。朗朗高兴地拍着手掌，翩翩起舞，哼着自创的儿歌："巴士、小巴、的士；巴士、小巴、的士；巴士、小巴、的士。"

看着孩子高兴的样子，朋友们的反应各不相同。有的不禁感叹："只是小小一块饼干，不过是玩具车子，他就这样高兴，真的容易安抚和满足。"有的却由衷地说道："朗朗真是懂得感恩和知足，绝不贪心，能像他一样就好了。"

孩童的心就是这样简单，大人的心却复杂得多。孩童会因为小小的礼物而高兴半天，大人却会考虑这是不是名牌，食物的味道好不好，花去半天时间去思虑和衡量它的价值，却忘了自己原来拥有的东西。

积极心理学研究发现，心存感恩和懂得知足的人，拥有更多愉快正面的情绪，本章将会与大家分享知足和感恩的重要性和实践途径。

就让我们从今天开始，学会感恩知足吧！

快乐指数

你是一个懂得感恩的人吗？

请在下面合适你的项目上打对号（√）：

1. ___ 我经常会想到值得感恩的事情。
2. ___ 在我的生命中，能想到曾经帮助过我的师长或朋友。
3. ___ 我会在日记或网络日志中写下好的事情。
4. ___ 我爱赠送小心意，如小礼物，答谢帮助过我的人。
5. ___ 一早醒来，我会感到又是新的一天。
6. ___ 当看到别人痛苦时，我会庆幸自己很幸福。
7. ___ 我爱欣赏大自然。
8. ___ 我相信现在拥有的一切并非理所当然。
9. ___ 我现在的生活很富足。
10. ___ 在逆境中，我相信明天会更好。

分析：你的对号多，表示你是一个很会感恩的人。（请注意：这并非一份标准化的心理量表，只供个人参考使用）

资料来源：McCullough M E，Emmons R A，Tsang J.The Gratitude Questionnaire [EB/OL].（2002）[2009-1-14].www.ppc.sas.upenn.edu.

一、感恩的定义

心理学家罗伯特·埃蒙斯（Robert Emmons）、迈克尔·麦卡洛（Michael McCullough）翻查感恩的定义，发现感恩（gratitude）这个词源于拉丁文“gratia”，有 grace、gratefulness、graciousness 等，

都是恩赐、感激和知足的意思。[1]学者普鲁塞（Pruyser）了解到由“感恩”的拉丁字源衍生出来的字一般与恩慈、慷慨、礼物、施与受的优点有关。心存感恩的人不仅会对赠予者心存感谢，同时亦会感受到赠予者那份真挚的心，让自己和别人都感到愉快。[2]

同时，心理学家罗伯特·埃蒙斯（Robert Emmons）在其著作《感恩——成功花朵的快乐种子》（*Thanks! How the New Science of Gratitude Can Make You Happier*）[3]一书中提到，感恩是“承认”与“认知”的善意，这两个层面具体如下。

承认（acknowledge）生命的美好。不论顺境逆境，对人生都抱以正面态度，相信生命是美好的。对别人赠予的祝福和礼物，不仅能承认获得后的喜悦，同时对于赠送者的心意也表示肯定。

认知（recognize）善意来自自身以外的力量。感恩的对象是他人，并非自己。人们会认识到：因他人的善意而受惠；他人要付出，才可让自己受惠；在他人眼中，善意是有价值的。

这份认知需要我们给生活加入一点新认识（re-cognition），从新的角度、新的思考、新的体验去看到和想到以前不曾看到的东西，这样人们便会发现事物背后或许会有更美好的事情，正所谓“柳暗花明又一村”，学习放下己见，看深看透一点。

1. 感恩的好处

积极心理学告诉我们，感恩倾向较强的人，他们更能体验到正面的情绪，如快乐、平静、满足、热情、兴奋等；同时，不容易受到负面情绪影响，如愤怒、埋怨、嫉妒等。当生活遇上压力或陷入低潮时，感恩的人也比较容易复原和调适。

常怀感恩之心的确有很多好处。

（1）生理方面。

研究结果告诉我们，感恩的人可能更长寿。神经学教授大卫·斯诺登（David Snowdon）进行的修女研究相当知名。传统上新入会的修女要写一篇自传，他查看了其中180名修女22岁时写下的自传，就每个字做情绪经验解读并进行分析，结果发现，修女自传中正面情绪字眼如满足、感恩、快乐、希望、爱等越丰富，60年后她们仍然生存的概率越高。[4]

同时，美国专门研究慢性疼痛治疗的弗里德曼博士（Dr. Friedman），曾邀请慢性疼痛患者进行一项为期四周的实验，请他们为生命中深切欣赏的事情感恩，结果发现他们的疼痛感略有减轻。[5]

（2）心理方面。

心理学家罗伯特·埃蒙斯进行的研究，更是让我们体会到感恩是快乐之源。他将研究对象分为3组，分别是感恩组（思考感恩的事情）、困扰组（思考困扰的事情）和中立组（不想任何事情）。10个星期后，发现感恩组的快乐程度比其他组别高出25%。[6]

（3）人际关系方面。

心理分析始祖西格蒙德·弗洛伊德（Sigmund Freud）曾说，人生最大的恐惧是孤单与寂寞。研究积极情绪的学者弗雷德里克森认为，感恩有助于维持密切的人际关系，当我们多想想别人对自己的善意时，自己会感到被爱和被照顾，这有助于建立亲密关系。[7]

2. 如何培养感恩知足的心

生活有顺境，亦有逆境。顺境时，有人看不到自己拥有的福分，以为一切都理所当然；逆境时，要人感恩更是困难。那么感恩和知足应从何做起呢？关键是你要先踏出第一步，相信自己是个懂得感恩和知足的人。

顺境时：可以学习“顺境时延迟调适，逆境时加速调适”的方法[8]，当我们身处幸福顺意的环境时，有没有细心观察眼前的事物有多美好？或许是你的儿女、家人仍在身边，或者是你仍能呼吸新鲜的空气。曾有人问一位长者，今日有什么事值得你感恩？他由衷地说道：“我为无事感恩。”原来生活平安无事已是上等的福分。让我们在顺境时不要太快安享现状，尝试感受一下这些经历，就是真的获得了无限好处。

逆境时：尝试不要自怨自艾，呼天怨地，不要让自己长久停留在低潮之中。相反，要尽快提醒自己将逆境转化为追求个人成长的机会，激发面对逆境的能力，这样才能变得更正面。

心里知足：心理学的范畴里有“向上比较”（upward comparison）和“向下比较”（downward comparison）的概念，后者往往就是知足的关键。许多人会因别人拥有更多而羡慕或妒忌，有些人为追求更富裕的生活而向银行不断借贷，忽略自己实际的经济能力，结果带来沉重的还款负担。当我们感到欠缺或想拥有更多时，不如想想世上还有很多人比你拥有的更匮乏，尝试学会知足。以金融危机为例，即使一夜之间失去大部分财富，但你仍拥有家人、朋友、健康，等等，这些是否比财富更宝贵？当你写下你所拥有的清单时，便知道金钱只是你生活的一部分，而非快乐的唯一来源。

《圣经·腓立比书》（4:11–13）可成为我们学习的榜样："我无论在什么景况都可以知足，这是我已经学会了的。我知道怎样处卑贱，也知道怎样处丰富，或饱足、或饥饿、或有余、或缺乏，随事随在，我都得了秘诀。我靠着那加给我力量的，凡事都能做。"

假如我们明白拥有的一切都来之不易，无论富足或贫穷，凡事都能满足，不与人比较，那就是幸福了。

3. 中国人的知足感恩

"知足"这个观念非常符合中国人的思维。常言道："知足者常乐也。"《老子·俭欲第四十六》亦云："罪莫大于可欲，祸莫大于不知足，咎莫大于欲得。故知足之足，常足矣。"意即祸患没有大过不知满足的了，而知道满足的人永远都是快乐的。

中国以农立国，农民的心态就是希望安居乐业，丰衣足食，有别于西方冒险的心态。明显地，知足的好处是因要求不高而较容易满足，失望的可能性相对较低，也较容易得到快乐。当然，凡事皆有两面，过分知足则是一种躲懒、不思进取、得过且过的心态，不值得鼓励。我们要知道何时应该知足，何时应该有所要求，为自己设定的目标和理想奋斗，这也是做人处世的艺术。

同样，感恩图报也是中国文化中重要的精神元素，忘恩负义对中国人来说是极为丑陋和不能接受的。儒家思想中的“百行孝为先”，就是因为父母有养育之恩，为人子女者理应尽上孝道，尊敬父母，报答亲恩。此外，朋友间的相处之道也强调礼尚往来，知恩图报，在维系社会的和谐方面也非常重要。由此可见，积极心理学推崇感恩的情操和举动，与中国文化非常吻合。

心灵故事

感恩节的来源

1620年，一群英国清教徒因不满当时英国国教不看重以《圣经》为上帝真正的教导，反而重视仪式教条，他们认为有上帝的感召要去净化教会，却受到反对与迫害，因此，他们决定离开家乡，寻找一个可以自由与安静敬拜上帝的土地。1620年9月15日，他们从英国乘坐一艘名叫“五月花”的帆船，包括妇人和小孩一共102人，经过65天的航行，于11月20日抵达美洲新大陆。因航行的偏差，船在弗吉尼亚州靠岸，后来他们转往现马萨诸塞州的普利茅斯港，那时已是12月26日。

第一年冬天，因为水土不服和缺乏食物，加上天气寒冷，他们有一半人都死掉了。第二年，在当地印第安人的友善与帮助下，他们学会了野外抓火鸡。到了秋天，他们耕作并开始收成，便举行了一连三天的感恩庆祝会，感谢上帝的祝福及恩典，并邀请90名印第安人来参加庆祝会，表示对他们的谢意。从此，每年感恩庆祝的传统就延续下来，在各州也开始以不同的日期来举行感恩与庆祝活动。

二、学习感恩的基本信念

想拥有感恩的心，先要相信感恩是可以学习获得的。只要你持之以恒，时间可以证明感恩的心是可以培养出来的。

请大家牢记以下法则。

1. 相信感恩可以靠后天培养

心理学家罗伯特·埃蒙斯和迈克尔·麦卡洛曾对大学生进行一系列研究，请他们记下一周之中 5 项值得感恩或赞美的事，结果发现这组大学生比没有感恩或赞美的另一组，有更正面的情绪、更积极乐观的想法和更良好正面的社会行为。[9] 这足以证明感恩可以靠后天培养，只要大家愿意多做练习，多尝试说感恩的话，便会发现自己慢慢变成了一个会感恩的人，生活也可以变得更正面。

2. 相信感恩是一种选择

若想培养自己有更多的正面态度，并且改变负面的想法，首先要认清自己是有选择权的，大家可以让自己有更多空间尝试新体会。如果你愿意，你可以选择感恩，也可以选择接纳、学习、培养、坚持等其他美德。当然也可以选择抱怨，放弃感恩的权利，不过结果只会制造出一颗苦涩的心。

3. 相信感恩应从幼年做起

小孩的心是单纯的，他们以单纯的眼光看事物，享受所有，乐在其中。如他们爱在沙滩上堆沙子，不计较沙粒粗糙，阳光酷烈，只专心享受玩耍的过程，欣赏自己堆沙的高度和形态，说说笑笑，无忧无虑。童年是最适宜培养和教导感恩的时机，在未受世俗污染的阶段培育孩子感恩的心，这是我们能为下一代所做的美好的事情之一。

4. 相信感恩是要努力创造和维持的

当人安于现有生活，以为一切都是理所当然的，自然很少发问“为何我可以拥有这些”，或者说“上天对我太好了”。试着从今天起，跳出以往的思维模式，将事情看深一点，想多一点，让自己多一点空间接受新的角度。意大利有句谚语：“即使我失去了戒指，我还有手指。”难道钻戒比手指更重要吗？多些想象，多些观察，多些新思维，很快你就能踏上感恩的旅程。

三、感恩四部曲

如何具体有步骤地练习感恩的态度呢？心理学家米勒（Miller）提出了让我们学习感恩的四个步骤。[10]

步骤一：先找出没法感恩的思想。

我们可以留意生活中自己常出现的负面想法，如“生日时送这份大礼给我，不知想让我帮他做什么呢？”“他来电并非关心我，只是想打听而已。”要多留意自己不感恩的想法，加以纠正。

步骤二：培养感恩思想。

经过步骤一后，发现自己常出现负面想法，便要“停一停”，想一想这是否就是让自己失去感恩心的地方。朋友在你生日时送礼物给你，确实是一番好意，他既用心去选择和衡量物品的价值，又要付出时间来送给你，的确值得我们感恩。又如朋友来电慰问，也是出于一番好意，如果觉得对方“八卦”，是否意味着自己有些事情不想向别人透露，因此不喜欢别人的问候？是否是个人的想法太过敏感？朋友致电要付出时间和关心，这也是值得感恩的。

步骤三：用感恩的思想逐步代替不感恩的思想。

当我们学习感恩的思想后，便可慢慢让自己的脑海多浮现这些思想，逐步将原有不能感恩的想法放下，随着时间的流逝，取而代之的便是感恩的想法了。

步骤四：将感恩思想化为行动。

当我们脑子里有了感恩的想法后，便可付诸行动，例如主动向赠予者表达谢意，或向别人的慰问表示感激。除话语表达外，我们也可以通过心意卡或手机短信来答谢。

经过感恩四部曲后，你将会成为一个懂得感恩的人，你会发现不仅自己有得益，当你的答谢出自真心，身边人也会觉察你的改变，并会因而受惠。

1. 感恩和知足的绊脚石

都市人的生活太紧张，太急着追求名利，稍有不如意时，就好像天塌下来一般，一切事情都变得灰暗和失去意义。天主教著名灵修大师卢云神父曾说："为生命中美好的事物感恩很容易，但为生命中的一切，包括好事与坏事、快乐与哀伤、成功与失败、被称赞或拒绝……只有对这一切都抱有感恩之心，这才算是知道感恩的人。"回顾现有的生活，有多少次我们能够衷心地感恩和知足呢？

许多人未能做到知足感恩，通常有以下原因。

（1）"阿Q精神"。

凡事谢恩，未免太过"阿Q"，太不思进取。你或许也有同感，但事实告诉我们，感恩绝非"阿Q"，不是自欺欺人，感恩的事项是事实，是你所拥有的真实。一大清早起来，你能呼吸到新鲜空气，能穿衣服，能走路，能坐下，难道不是事实？这绝非"阿Q精神"，而是你学会了好好察觉生命的福分。

（2）伤害过我的人，难道也要向他感恩吗？

越来越多的研究显示，人的心中若充满怨恨和不满，会影响身体和心理健康。心理学家迈克尔·麦卡洛和罗伯特·埃蒙斯称，减少这类负面情绪的方式就是培养人的宽恕能力，这可以降低由坏事产生的痛苦和怨恨程度。[11]塞利格曼也提到宽恕能够帮助人们面对过去的伤痛，释放愤怒情绪，重建正面情绪。[12]若你能够培养宽恕的美德（详见第八章），并将其应用在日常生活中，与人建立良好的关系，你自然会有更多空间留意身边的幸福，这将有助培养感恩的心。

（3）与人比较的心理。

有一次，上司对一位新入职的员工说：“刚才开会时你的表现很好，继续努力，公司需要你这样的人才。”员工听后兴奋雀跃。然后有位同事和他说：“上司也曾对我说过同样鼓励的话。”他听罢，脸上随之不悦。接着另一位员工问他：“上司对你的鼓励并没有改变，为什么你刚才开心，现在就不开心呢？”

人总是喜欢不断与他人比较，很多时候，以为自己应该胜过别人，好的东西应该属于自己。当发现别人也拥有时，妒忌心便会出现，却不知原来自己所拥有的已是幸福，已是事实。我们往往因妒忌而忽略了自己所拥有的价值，殊为可惜！

（4）视一切为理所当然。

凡事看作理所当然，过分强调物质价值的人，容易产生妒忌和愤怒的情绪。事实上，不论事情大小，大如失业后找到新工作，小如购物时遇上减价节省支出，都可以感恩和知足。人不能同时处于欣赏和抱怨的状态，所以学习多一些欣赏，自然也会多一些感恩。

（5）自恋的心态。

学者拉斯（Raskin）和霍尔（Hall）设计了自恋性格量表，其中的题目如下：[13]

- 我期待别人为我做很多事。
- 除非得到我应得的一切，否则我不会满足。
- 我喜欢为别人付出。
- 我满足于自己所得。

选择前两项答案的人较难感恩和知足。自恋的人无法感谢别人的帮助，他只会将自己放在崇高的位置，相信特权，不容易察觉别人的需要，这样的人很难对人对事心存感恩。

（6）越忙越乱。

都市生活节奏急速紧张，每到清晨，地铁车厢挤满乘客，快餐店内挤满排队买早餐的人，每个人手上拿着手机，这一切都容易使人忙乱，许多自幼学到的礼貌也无暇顾及，如向他人问好，给需要的人士让座等。你可曾见过有人在街上晕倒，多少人擦身而过，却无人伸出援手？似乎现代人忙得连身边发生的大小事情都可置身事外。忙乱只会令人没有空间容纳感恩的心，甚至成为不去感恩的借口。我们实在需要细察自己的所得和每天发生的事情，这样才会懂得感恩和知足。

（7）活在困境中。

懂得感恩和知足的人，并不是要抹去伤感或负面的情绪，而是能在面对困境时仍可找到值得欣赏的地方。2008 年泰国曼谷机场示威浪潮中，易学荣与妻子冯敏慧因赶搭包机而不幸遇上车祸，易学荣丧生，当所有人都埋怨香港政府未能及早包机接港人回港，以致造成惨剧之时，这位太太在苦痛中仍表现坚强，表示车祸纯属意外，无需有人为此负责，并说“事实上那个司机是很好的司机，每隔一会儿就停一停站让我们（休息），但意外就是意外！”

在返回香港途中，她收到保安局局长的问候及安慰，于是她特意发声明向保安局局长致谢，也感谢政府部门、航空公司、保险公司的协助：“虽然仍感忧伤、哀痛，但你们每人付出的一点一滴，已抹去我心中一点眼泪。”这表明在患难困境之中，我们仍可找出值得欣赏的正面的地方，凡事都有可感恩之处。

2. 学会感恩的十大方法

其实，在日常生活中，我们有很多机会练习感恩，使之成为习惯。这里建议以下 10 种方法，大家可以选择几项喜欢或可行的方法，在未来几个月里不断去做，看看效果如何。

（1）致谢信：找一个你希望感谢的人，写一封信给他，告知他道谢的原因，不妨具体写上道谢的生活事例，这样对方看后会心生甜蜜。

（2）致谢探访：我们可以登门向曾有恩于自己的人，如师长、长者、朋友等道谢。心理学研究告诉我们，当人进行了感恩拜访后，双方都会感到关系亲密了。

（3）感恩日记：每晚就寝前，记下一件当日顺利和快乐的事。心理学家埃蒙斯的“感恩日记”研究发现，只要养成写日记的习惯，提醒自己所拥有的一切人与事，人会较以往变得更快乐，生活满意度也会上升。请谨记，感恩的事项必须经常更新，绝不可一成不变。

（4）多说感恩的话：每日找机会向帮你小忙的人衷心道谢，如谢谢同事帮你叫了午餐，谢谢邻居帮你按了电梯，让你节省时间；凡此种种，多说感恩的话，世界会变得更美好，人际关系也会变得更亲近。

（5）张贴感恩的话语：日常生活中有很多方法可以提醒自己

要多感恩，你可以在冰箱、镜子、梳妆台或公司的书桌、白板上，使用便利贴、贴纸或计算机打印出来的纸张，写下感恩的话语，如“凡事感恩”“谢谢老公爱我”“同事你真好”等，提醒身边的人与事带给自己的快乐。

（6）自我奖励：人是群体动物，需要与别人相处。别人对自己的看法，会成为我们看待自己的重要意见。如果能在生活中对自己多一份欣赏，学会爱惜自己，不只活在别人的看法之中，你会发现个人的快乐指数将明显提升。你可以进行自我对话（self-talk），如“我做得到”“我欣赏自己，懂得问候朋友”等，或者给予自己物质奖励，如吃一顿自助餐，买一双鞋等。

（7）感谢呼吸：每晚在睡觉前进行10次呼吸练习，每次吸气5秒，然后呼气5秒；到第四次时，可尝试在呼气时想着“感谢”二字，领会能每天呼吸，表示自己仍然活着，这也是莫大的幸福。

（8）欣赏大自然：多亲近大自然，停下来欣赏身边的景色，感受鸟语花香，呼吸新鲜空气，学习感激大自然的恩典。你会发现大自然的确是伟大无比的奇工，也是洗涤心灵的最佳良方。

（9）特设好日子：歌星陈慧琳有一首旧作《纪念日》，歌词中写道，“在平淡之中找一些特别日期，凭借特别日期庆祝得到你”。在沉闷的生活中增加情趣是非常重要的，要珍惜身边人，除了说话以外，也该用行动及心思来表明。选一个特别的日子，可以是假日、生日、父亲节、母亲节、周年纪念日等，与你的家人或伴侣一起好好庆祝！

（10）阅读感恩故事：成语故事“感恩图报”，记载了吴国大将军伍子胥为报答打渔郎父亲的帮助，放弃攻打郑国，并让打渔郎获得郑国的奖赏。常阅读感恩故事，细细品味故事中人物的思想与感情，学习做一个感恩的人，把中国的传统美德流传后世。

积极心理学认为，没有感恩和知足的心，很难有一个美满幸福的人生。即使你获得了很多成就，拥有很多美好的事物，你仍会感到不满足，抱怨为何自己不能得到更多。因此，学会感恩和知足,是欣赏和享受生命不可或缺的美德。无论你的现实处境怎样，也可以从好的方面去为自己所拥有和经历的感恩。抱着知足的心态，自然可以欣赏生命赋予我们的丰盛，这是打造快乐生活的第二个秘诀。

快乐工坊

感恩日记

每晚就寝前，列出至少一项当天很想感恩的事情。

事情：

人物：

感谢的原因：

相关的致谢行动：

感恩故事

荣荣与俊俊是很要好的同学。上周末，一大清早，他们在家人的陪同下，一同前往学校参加远足活动。在教室门外，荣荣便向母亲说：“妈妈，谢谢你陪我来学校，再见！”另一边的俊俊早早进入了课室，老师问他："今天是谁陪你来学校的？"俊俊答道："慢吞吞的，是爷爷呀！"老师回应："为何这样说？"俊俊答道："因无人陪我，爷爷才会过来！"

之后，一班同学便往郊野公园远足。午饭时，荣荣与同学分享母亲为他准备的寿司，而俊俊却埋怨母亲所做的三明治味道不太好，产生了自己的母亲不如荣荣母亲的心思。

读完以上故事，请细心思考故事中荣荣与俊俊的说话方式与感恩的关系，然后填写以下表格，写出感恩和不感恩的事项。

感恩的人与事	感恩的话	建议感恩的回应行动
例如： 享受清晨、家人陪伴	谢谢妈妈陪我回校	向母亲说："我爱你！"

不感恩的人与事	不感恩的话	不感恩的回应行动
例如： 母亲的食物不好吃	食物不美味	责备母亲

请你问一问自己：你想成为荣荣还是俊俊呢？

参考文献

[1] Emmons R A，McCullough M E，Tsang J.The assessment of gratitude[C]. In Lopez S J，Snyder C R（Eds.）.Positive Psychology Assessment: A Handbook of Models and Measures.Washington DC：American Psychological Association，2003：327–342.

[2] Pruyser P W.The Minister as Diagnostician：Personal Problems in Pastoral Perspective[M].Philadelphia：Westminster Press，1976.

[3] Emmons R A.Thanks!：How The New Science of Gratitude Can Make You Happier[M].New York：Houghton Miffllin Company，2003.

[4] Snowdon D D.Aging with Grace：What the Nun Study Teaches Us About Leading Longer，Healthier，and More Meaningful Lives[M]. New York：Bantam，2001.

[5] Smith L C，Friedman S，Nevid J.Clinical and sociocultural differences in African，American and European American patients with Panic Disorder and Agraphobia[J].Journal of Nervous and Mental Disease，1999，187：549–560.

[6] Emmons R A.Thanks!：How The New Science of Gratitude Can Make You Happier[M].New York：Houghton Miffllin Company，2003.

[7] Fredrickson B L.The role of positive emotions in positive psychology：The broaden–and–build theory of positive emotions[J].American Psychologist，2001，56：218–226.

[8] 罗伯特·埃蒙斯 . 感恩：成功花朵的快乐种子 [M]. 伍铁，译 . 北京：中国友谊出版公司，2008.

[9] Emmons R A，McCullough M E.Counting blessings versus burdens：An experimental investigation of gratitude and subjective well–being in daily life[J].Journal of Personality and Social Psychology，2003，84：377–389.

[10] Miller T.How to Want What You Have：Discovering the Magic and Grandeur of Ordinary Existence[M].New York：Henry Holt and Company，1995.

[11] Emmons R A，McCullough M E.Counting blessings versus burdens：An experimental investigation of gratitude and subjective well-being in daily life[J].Journal of Personality and Social Psychology，2003，84：377-389.

[12] Seligman M E P.Authentic Happiness[M].New York：Free Press，2002.

[13] Raskin，Robert，Hall，Calvin S.The narcissistic personality inventory：Alternate form reliability and further evidence of construct validity[J].Journal of Personality Assessemnt，1981，45(2)：159-162.

第五章　快乐生活：投入体验

唯一重要的时刻是现在，因为这是你唯一掌握力量的时刻！

——俄国作家托尔斯泰（Leo Tolstoy）

无论你在做什么，和谁在一起，都要送他们一份最佳的礼物：专心。

——美国商业/哲学家吉米·罗恩（Jim Rohn）

一、活出充实人生

本书第一章提到过，快乐是一首多重奏乐曲，有不同种类和层次，其中一种非常重要的快乐是通过付出和投入活动而获得的满足感。**塞利格曼认为，充实人生（engaged life）的先决条件，是寻找和体验一些能让我们高度专注和投入的活动，增加生活的满足感和快乐程度。**曾经有一个说法："人往往只懂得尽量延长自己的生命，却忘记为人生的每一日增添生命。"向我们求助的情绪病病人当中，十居其九都花很多时间和精力去懊悔和埋怨过去发生的事情，或担心和忧虑未曾发生的事，却从来没有好好真正地"活着"。因此，要活出充实的人生，我们需要投入地体验生活，好好去活每一刻。

二、神驰：专注至极的投入

试回想最近一次非常专注和投入的体验：是否专心看书以致别人多次呼唤都未察觉？正在创作一件艺术品以致废寝忘食？享受音乐优美的旋律，仿佛活在自己的小天地里？挑战难度极高的行山路径以致顿然忘记一切不快乐的事情？感觉一天的工作虽然非常繁忙，却由于出奇地顺利和流畅，以致享受到乐而忘我的境界？

美国芝加哥大学著名心理学教授米哈里·契克森米哈赖（Mihaly Csikszentmihalyi）多年致力于研究人的“最佳体验”（optimal experience），发现许多艺术家、运动员等形容自己的专长和感兴趣的活动时，往往显示出许多不谋而合的地方。他们的描述往往包含“迷失自己”“非常专心和投入”“乐而忘我”“忘记时间的流逝”等。据说西方著名画家米开朗基罗（Michelangelo）为梵蒂冈的西斯汀教堂画壁画时，连续多天废寝忘食地投入工作，甚至连衣服也不换！契克森米哈赖称这种最佳体验的心理状态为神驰（flow，也译为“心流”）。在其著作*Flow: The Psychology of Optimal Experience*（中文版《心流：最优体验心理学》）中，他归纳“神驰”应具备以下几个条件和特征。[1]

- 一项具有挑战性和相当技巧性的活动。
- 动作和意识的结合。
- 明确目标和实时回馈。
- 高度投入和专注。
- 暂且放下各种担心和忧虑。
- 失去对自我的意识和察觉（泛指“乐而忘我”的境界）。
- 经历时间的迅速流逝，或对时间概念发生扭曲和转化。

此外，活动本身要让人投入时觉得快乐、享受，相对于“外在动机”（extrinsic motivation），如金钱收入、别人对自己的要求和期望等，神驰这种体验反映当事人对某种活动本身的兴趣，心理学家称之为“内在动机”（intrinsic motivation）。

契克森米哈赖发现，人们面对挑战的方式和态度，与他们的快乐程度有极大的关系。要达到神驰的境界，关键在于活动本身对个人的挑战性和技术上的要求。太容易的活动会令人感觉沉闷，如重复性的影印。相反，太困难的活动会引致不必要的焦虑，如让一位钢琴初学者弹奏一首八级钢琴的琴谱。因此，适度的挑战和技巧的配合，往往能增加个人对活动的掌控感，有助于达到神驰的心理状态，这也是投入体验愉快活动的最高境界。

心理学家指出，在不同技巧与挑战组合的活动里，我们会经历不同的心理状况与情绪，如下图所示。[2]

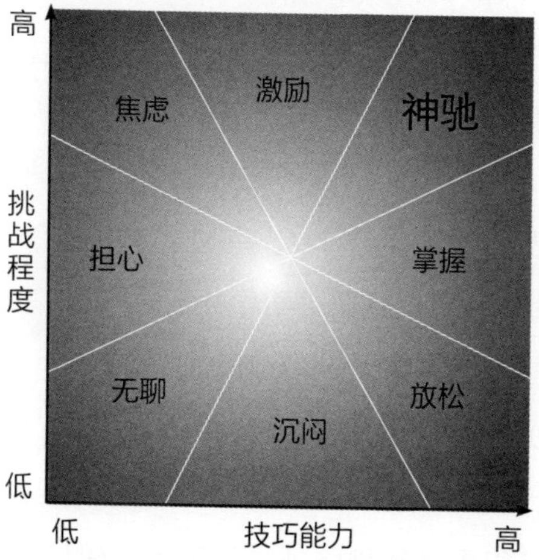

要让沉闷无聊达到持续神驰的状态，目标极具挑战性，我们必须排除外界众多滋扰，如噪声、别人在进行其他的活动等，以及自我批评和意见，这有助于人们更容易地进入更深的神驰状态(deep flow)。相反，许多都市人惯用的松弛方法，如躺在沙发上看电视，睡一大觉等，都有一个共通点——过于被动，参与的人不

需要太大的付出和投入，所以很难达至神驰的状态，契克森米哈赖称之为垃圾流（junk flow）。

那么如何进入神驰境界呢？

你也许会问：是不是某类人比较容易达到神驰境界呢？综合不同学者的研究和见解，契克森米哈赖提出一种称为自主性人格（Autotelic Personality）的性格特征。这种性格的人，相对其他人而言，好奇心较重，更有毅力，自我意识较低。这类人普遍乐于享受生命，活着是为了认真地体验，并非为满足他人的期望或追求外在目标。一些研究也证实，能全身心投入，努力坚持，最终有所成就的年轻人，往往与以往曾经经历的神驰状态有莫大的关系。[3]

总而言之，神驰的状态能带来多方面的好处，也是提升快乐的秘诀之一。以下是一些实际的方法和技巧，有助于大家更容易达至神驰的境界。

- 回忆过往哪些活动曾带给你神驰的体验。
- 认清自己的个人专长和兴趣。
- 每星期安排一些时间投入这些活动，建议先从一个难度适中的活动开始。
- 活动进行中必须排除外界的干扰，建议选择一个安静的环境。
- 全神贯注地完成该项活动。
- 与别人分享你努力的成果、过程中的经验和困难之处。
- 可尝试挑战自我，投入一些从未实践过的活动，如画一幅巨型的油画，骑自行车登山、自学一种新菜肴等，增加和扩展神驰的体验。

虽然你已经知道投入体验的愉快经历和神驰的好处，但你可能仍然难以做到，特别是许多患有抑郁和焦虑情绪的朋友，大多都难以投入乐而忘我的境界，这可能与自我意识太强或过分在意别人的评价有关。情绪受困扰的人往往过分在意自己的心情或问题，以至于很难推动自己专心投入一些愉快而具有挑战性的活动中。另一方面，也可能因为太关注身边的人如何评价自己的表现，害怕失败，以至于不敢尝试新挑战，这自然大大降低了他们达到神驰状态的机会。

若想真正体验这种奇妙愉快的神驰经历，我们必须学习放下自己的忧虑和烦恼，尝试全情投入，专注于当下，享受活动本身的乐趣，不断改善自己的技巧，实现理想的目标。这样，就能为生活增添色彩，大大改善自己的整体情绪。

快乐指数

日常生活中的“神驰”

你在日常生活中经常体验“神驰”这种乐而忘我的经历吗？试回想一下类似这种感觉的体验，看看该情况是否符合“神驰”的准则。

	是	否
1. 一项具有挑战性和要求具有相当技巧的活动。	□	□
2. 动作和意识的结合。	□	□
3. 明确的目标和实时回馈。	□	□

4. 高度投入和专注。 □ □

5. 暂且放下各种担心和忧虑。 □ □

6. 失去对自我的意识和察觉（泛指“乐而忘我”的境界）。 □ □

7. 感到时间迅速流逝，或对时间概念发生扭曲和转化。 □ □

若你的活动符合以上大部分条件，就可考虑多做这类活动来增加自己的快乐。或者你也可以继续尝试其他有趣的活动，直至达到“神驰”的状态为止。

三、品味生活，欣赏美好

让水中的涟漪静下来，你会看到月亮和星辰反映于你的存在之中。

——贾拉勒丁·鲁米（Jelaluddin Rumi）

笔者曾经考虑搬家，希望有更大的居住空间，但出乎意料的是女儿坚决反对。初时我和太太都大惑不解，后来女儿给我们写了一封短信，描述她如何喜欢现在的居住环境。信中的大概意思是：“我喜欢和大厦的管理员叔叔和阿姨打招呼和攀谈；我喜欢每天早晨上学时看到路旁的大树，听树上鸟儿歌唱的声音；我喜欢阳光从树叶间照射下来的影像，我喜欢嗅路边花儿的味道，欣赏大厦前面那一大片青草地，在我不开心时可以令我释怀，让我心旷神怡。”听了女儿的仔细描述，我才注意到原来自己居住的环境这么优美，以前虽然也知道这里环境还不错，但因没有细细品味，因此错过了那种享受幸福的感觉，真的要感谢女儿的提醒。

第四章提到对过去存有一份感恩和知足的心，这是获得快乐的良方。事实上，对于当下发生的事情，我们也可以用“品味”（savoring）的方式去增强美好的体验和回忆。**生活中有太多美好的事情、事物和体验，值得我们好好欣赏和享受**：郊外美好的树荫，天边艳丽的落霞，水清沙幼的海滩等，都是大自然给予我们的最佳馈赠。

试回想最近一次接近大自然的经历：你的眼睛看到了什么？还记得周遭事物的颜色、形状、大小、高低或层次吗？你从中听到了什么，嗅到了什么，触摸到了什么？“品味”是指扩展个人对一些正面经验的不同观感体验，从而增强对该事物的欣赏之情。“品味”也能令我们自然地牢记一些美好的体验，将来回想起来能重现那份美好的感觉和回忆。[4]

你可记得上一次拿出儿时的相簿，看着看着又哭又笑、美好的回忆蜂拥而至的感觉？可记得最近一次收拾旧东西的时候，手中拿着一块陈年旧奖牌的心情？因忆起过去的一些美好体验而感受到的正面情绪，积极心理学称之为“正面回忆”（positive reminiscence）。积极心理学家索尼娅·柳博米尔斯基（Sonja Lyubomirsky）与她的研究人员发现，单是在脑海中“回放”或回想过往的成功经验，就能够增加对自己的正面想法，过度分析这些经验则会带来反效果。就如一口井，过往的成功经验或情绪高点，往往会成为重新滋润我们已经枯竭的心灵的最佳源泉。

以下是一些加强正面回忆的实践方法。

- 尝试以一个正面的角度，回想自己过去的某些经历。
- 研究发现，人在独处时更容易进入回忆状态。
- 找出一些纪念品或值得纪念的东西，如奖杯、奖牌、证书、相片、书籍、旧衣裳、饰物等，增强对过去的回忆。
- 试用自己独特的方式保留美好的回忆，如拍照、文字记录、手绘等。
- 多与友人分享和描述过去美好的经历，让回忆保持新鲜，记忆永固。

四、“静观”的人生态度

曾听过一个有关“禅”的故事。

一所寺庙内住着一位老师父和一个小和尚。一天，小和尚一边在庭院内打扫落叶，一边思考复杂的佛教哲理。刚巧老师父经过，小和尚便抓紧机会问老师父：“师父，到底什么是‘禅’呢?”老师父微笑道：“‘禅’的真谛，就是吃饭时吃饭，睡觉时睡觉，扫地时扫地。”小和尚听毕，便一脸尴尬地继续扫地去。

接下来介绍的“静观”概念，其实与禅学的思想颇有渊源。**“静观”(mindfulness)泛指一种具有弹性、开放式的思维，是对任何主观经验加以接纳的生活态度。**要体验“静观”，可在此时此刻的情境下练习一下，请继续阅读以下内容。

1. 静观练习

- 留意现在你手中这本书的重量和你用手接触这本书时产生的触觉。
- 留心你身体的感觉，比如身体接触椅子的感觉，感受身体的重量、背靠椅背的感觉和双脚踏在地上的感觉。
- 留心听四周的声音，但不要以好恶心去判断这些声音。
- 留心你的呼吸，感受空气如何进出你的鼻孔，留心呼吸的快慢、轻重、缓急等节奏。
- 留意任何在脑海中浮现的意念，但不要加以判断或批评，试着以观察者的角度去观看这些意念，让它们自然地来，自然地走。

学者乔恩·卡巴金（Jon Kabat-Zinn）和玛沙·林内翰（Marsha Linehan）成功地将静观的核心理念翻译成非宗教色彩和科学化的心理治疗手法，并被广泛应用于一些减压课程中。一个人静观的时候，能够对发生的一切事物都加以留意、感知，更能活在当下。林内翰认为，静观练习可以增加理性与感性的融合，从而达到两者的平衡。[5]

林内翰提供了实现静观的三个途径，第一个途径是观察和察觉当下内在或外在的体验；第二个途径是用平常心去形容和描述观察到的人和事，第三个途径是抛开强烈的自我意识，全然投入现在的体验。要达到以上三种境界，她认为要有以下三种心法：

不批判、全神贯注、为较长远的人生目标放下当前的执着。

静观的一个核心概念，就是对任何人、事和物采取一种不批判的态度。要做到不加以批评和判断，我们必须在一定程度上抽离和观察，像旁观者一样。对一切外在或内在、正面或负面、好或坏、应该或不应该的情况，都以旁观、接纳的态度去观察。对于情绪受困扰的人士而言，“一切”当然包括一些强烈且负面的情绪，如愤怒、抑郁、焦虑等，以及一些痛苦的回忆或经历。

怎样才能做到像旁观者一样看待事物呢？试试以下简单的意境练习。

2. 意境练习

想象自己身处火车站月台。你一个人站着，望着火车即将到站的方向。火车声由远渐近，越来越近，你终于看到火车驶进车站了。火车的“隆隆”声有点吵，但你不加批评或抗拒，只是站着观察。你看着火车到站停车，车门打开，乘客有上有下……你只是静静地观察。火车要离开了，你依然站在月台上，望着火车由慢至快不断加速，渐渐远去，直至看不见它的踪影。

以上小练习和比喻是以视觉意境的形式，来增加我们的静观感和非批判性思维。多用静观的态度看待事物，我们更能活在当下，从生命中得到更多。本书作者姚颖诗曾将该练习应用到一些积极心理学课程中，有学员反映，在练习的过程中，曾有不少扰人的思绪浮现在脑海，以至于不能完全集中精力静观。静观是学习对事物留心观察、不加批评的方法，若有扰人的念头出现，也不用抗拒它们，只需从旁观察，留意它们，直至思绪消散，然后再将注意力带回练习之中便可。

事实上，静观不单是一些实际的练习和技巧，更是一种生活态度。无论做什么，尝试从一个静观的角度去观察，你对周遭事物的观察力和敏感度将会大大提升。静观就是把注意力集中在当下这一刻，单纯觉察自己内在的思想、感受、经验、反应，不夹杂丝毫判断，能够做到不因喜而趋，不因恶而抑的境界。在心思意念上，完全从自己的感受中退出来，站在一个更广阔的思维角度。在意识层面，要习惯冷静地观察自己的思想内容，不做出任何反应；学习接受这些思想，即使是负面思想，也只是在脑海中出现、接近、经过，然后远去，就像一片白云在天空中出现、漂动，由近至远渐渐消散。

所以，静观是一种“察觉”——不增加、不减少的察觉。察觉的好处，在于能让我们放开一些执着的想法。除了静观的思想练习，读者也可以尝试静观地呼吸、静观地进餐、静观地做运动等，这些活动都能有效培养专注和接纳的态度。一些静观练习课程的效果显示，静观可以减少焦虑，培养专注，减少抑郁复发，提升免疫力，同时能更有效地管理因长期伤残所带来的情绪压力等，由此可见静观对身心都有裨益。

另外，一行禅师（Thich Nhat Hanh）谈到静观时曾经说，我们能通过静观去体验和察觉身边的任何人和事，用慈悲的心看待，便能深化人与人的关系，明白个人与历史、环境和文化之间的关系，减少不必要的痛苦，化伤痛为行动、接纳、自由、和平和喜乐。[6]

小资料

静观冥想的妙处

曾有脑神经学者利用脑电图（EEG）观察长期修炼冥想的人和普通人大脑活动的差异。他发现正在练习冥想的人会发出不同波段的脑电波，而平日我们只会在极度放松的时候才会发出这些脑电波。练习冥想的时候，人的左侧前额叶皮质也比正常人活跃，这部分同时是我们大脑对正面信息做出反应的区域。总的来说，冥想的状态是极度放松又高度警醒的状态，长远来看，可为身心带来很多好处，例如：

- 减少血液中与焦虑情绪有关的乳酸盐（lactate）。
- 降低血压。
- 加强血液循环。
- 缓慢深长的呼吸。
- 心跳减慢。
- 舒缓紧张。
- 提升创造力。

五、“活在当下”的哲学

我们唯一真正拥有的只有当下，就是现在这一刻。

——索甲仁波切

古语有云：“活在当下，行在今日。”意思是劝导人们要全心

全意投入现在的生活，不要被过去的枷锁捆绑，或被未来的忧虑牵着鼻子走，将全部能量集中在这一刻，好好把握每一刻的机遇，以实际行动来实现自己的目标和理想。简单来说，是完全投入和享受当下所做的事情，活在这一秒，而非过去或将来。可是，请别误解，活在当下固然重要，但并非指我们不需要从过去的失败经验中学习，不需要回顾过往成功的经验，或为将来做出适当的计划和安排。同样，活在当下也不应该成为我们放纵欲望、做事不顾后果的借口。

综合来说，建议大家尝试以下体验方法。

- 要珍惜和享受现在拥有的，不要陷于对过去的遗憾和对将来的忧虑中。
- 为自己的生活多创造一些神驰的经验，增加愉快的时光。
- 品味此刻一切美好的事物，回味以往美好的经历。
- 学习和实践静观的生活态度，让静观成为一种习惯和心态。
- 做这一切之余，别忘了要好好“活着”，投入体验生活中的每一刻。

其实，“活在当下”的哲学和人生态度，很切合中国传统文化中的一些思想，特别是佛教思想。佛教认为人生本来就是苦的，佛教有所谓“人生八苦”：生苦，老苦，病苦，死苦，爱别离苦，怨憎会苦，求不得苦，五阴盛苦。(《涅槃经十二》)佛教的智慧就是教人如何摆脱痛苦。人若想要脱苦，就需要学会“破执”，因为执着自己的欲望，不愿接受人生的变幻，乃是苦痛之源。“活在当下”正是不执着的人生态度，心中只有此刻，全心去体验当下，有助于脱离对过去和将来的种种执着。当然，“活在当下”的哲学并非佛教所独有的，其他宗教和哲学都有类似的生活智慧。

虽然我们非常强调“活在当下”的重要性和好处，但并非盲目推崇“只有当下”，并不认为只有此刻才是唯一的。相反，**人生是一个延续的故事，人这个主角是由过去、现在和未来交织而成的，回顾自己的过去，展望未来的人生，是你必须要做的事**。“活在当下”是专注于每一刻，包括正在回顾或展望的经历，但不被过去愉快或不愉快的经历困扰，或沉溺其中，不恐惧和忧虑未来，这种完全平静的心态才是面对人生最理想的态度。

快乐工坊

品味美好回忆练习

找一个安静不受打扰的地方，可以是一个人独处斗室，或独自在公园、街道漫步，放松心情，然后细细品味近来一个美好的回忆。不用心急，仔细体会整个经历。

可以回想以下事情：

- 事件发生的时间、地点、人物等细节。
- 在事件中看到和听到了什么？
- 在事件中经历的愉快的、正面的感受和想法。
- 试着仔细形容那种主观的体验，那种愉快的感觉是兴奋、恬静、畅快、满足、惊叹、完满还是其他。
- 感到愉快的原因和理由。
- 这次愉快的经历对你有何影响？是否增加了你的正能量、抗逆力和自信心？

- 是否有办法重新经历类似的愉快体验？可以安排哪些行动使它经常出现？

做完这个练习之后，请思考一下自己此刻的感觉与做练习之前是否不同，哪方面不同？你愿意经常去做这个练习来提升自己的愉快情绪吗？

静观式进食（mindful eating）

因时常过分专注于自己的活动，大家会忽略生活中的简单乐趣和喜悦。如果你想在日常生活中更容易地感受到平凡的喜悦，那么静观式进食是一个不错的练习。当你吃东西时，可以尝试以下方法。

1. 慢下来，专注于进食的过程。
2. 细心观看你面前摆放的食物。
3. 留心食物的颜色、纹理、形状等。
4. 用鼻子去感受一下食物的香味。
5. 将食物放到唇边，轻轻地触碰一下。
6. 用舌尖去触碰一下食物。
7. 将食物放入口中，但不要咀嚼，感受一下食物在口中的感觉。
8. 很慢很慢地、一口一口地咀嚼食物。
9. 留心食物味道的每一个变化。
10. 感受食物如何进入你的食道。
11. 尝试用这种静观的方法进食，至少用30分钟来进食一餐。

用以上方法进食，会渐渐感到内心很平静，也能更细致地品味和享受你的进食过程。

活在当下练习

请记住，快乐的感觉是现在式，不是过去式或将来式。大家可以尝试专注于当下此刻，细细品味生活中的各种美好，不妨考虑用静观专注的心去享受以下活动。

- 到大自然中去，享受大自然的奇妙和美丽。
- 好好吃一顿饭，享受食物带来的乐趣。
- 与朋友进行一场交心式的谈话。
- 用专注的态度做家务，享受做家务的过程。
- 与孩子一起玩耍，全身心地投入孩子的活动中。
- 静坐冥想，不为任何目的。

参考文献

[1] Csikszentmihalyi M.Flow：The Psychology of Optimal Experience–Steps towards Enhancing the Quality of Life[M].New York：Harper Perennial，1990.

[2] http://en.wikipedia.org/wiki/Flow_（psychology），2009–11–11.

[3] Csikszentmihalyi M.Flow：The Psychology of Optimal Experience–Steps towards Enhancing the Quality of Life[M].New York：Harper Perennial，1990.

[4] Lyubomirsky S.The How of Happiness：A Scientific Approach to Getting the Life You Want[M].New York：The Penguin Press，2008.

[5] Hayes S C，Follette V M，Linehan M M（Eds.）.Mindfulness and Acceptance[M].New York：The Guildford Press，2004.

[6] Nhat Hanh，Thich.Peace Is Every Step：The Path of Mindfulness in Everyday Life[M].New York：Bantam Books，1992.

第六章 快乐品格：良好的品格和优点

对一个人的评价，不可视其财富出身，更不可视其学问高下，而是要看他的真实品格。

——英国哲学家培根（Francis Bacon）

品格是最难下的定义，但它是人生中最具影响力及重要的东西。

——西方谚语

马丁·路得·金（Martin Luther King）有一句名言："我有一个梦想，就是有一天，我四个孩子所生活的国家，不再以肤色来断定一个人，而是以品格的内涵来断定一个人。"很多学者认为，从孩子年幼时便建立良好品格是非常重要的，培养良好品格不应该只在学校，更要在社会和职场之中，一切为人处事都必须依良好品格而行。反观今日社会，不道德的事件无日无之，人们往往为追求个人利益、名誉和金钱，放下自尊，甚至伤害他人，这都让人感到十分痛心。

积极心理学对快乐和美好生活有一个特别的贡献，就是它重点研究个人美德和性格优点，视它们为快乐人生的基石。无庸置疑，个人的性格和心理素质的确决定了我们如何面对人生和回应现实环境。在同一处境之中，不同性格的人可以有截然不同的回应，带来截然不同的结果。因此，要想过快乐的人生，就应培养良好的品格，尽量发挥自己的美德和性格优点，这是近年心理学研究的一个共识。

一、品格养成，快乐人生

从古到今，几千年来，中西文化都有类似的概念，就是培养人的良好品格，才能迈向快乐人生。

中国传统的儒家思想，重视三纲（君为臣纲，父为子纲，夫为妻纲）、五常（仁、义、礼、智、信），孝、悌、忠、恕、礼、义、廉、耻等观念，其应用范畴非常广泛，涵盖了生活的各个层面。其实细心想想，大家会发现其中很多是为人和处世的准则，目的是建立个人道德修养、和睦家庭及和谐社会。可见修身和品格培养是儒家对快乐美满人生的一个重要处方。

另一方面，积极心理学也以研究美德和性格优点与正面情绪的关系为重点。塞利格曼在其著作 *Authentic Happiness*（《真实的幸福》）中提到，人们很喜欢通过短暂快捷的途径来获取欢乐，如看电视、逛街、放纵欲望等，他认为这些途径获得的快乐都是短暂的，欢愉过后，只会带给人更大的空虚感。**唯有经过自己的努力，善用个人美德（virtue）和优点（strength），投身有意义的活动，才会产生一种良好的感觉，这种感觉便是真正的快乐。**[1]

本章将介绍积极心理学研究的 6 种美德和 24 种性格优点，大家若能在日常生活中认识及发挥自己独特的优点，将会享受极大的满足和快乐。

小资料

性格优点与生活满意度的关系

塞利格曼提出 24 项性格优点（character strengths），研究发现其中有 5 项与我们的生活满意度相关性很高。在一项研究中，塞利格曼与同侪收集了 5 299 位成年人在互联网上完成的“价值实践（VIA）突显优点调查”（VIA Survey of Character Strengths）及“生命满足问卷”（Satisfaction with Life Scale），资料用于了解及分析各种性格优点与生活满意度的关系。

调查结果显示，感恩、希望、热情、好奇、爱和被爱的能力，与生活满意度有较为明显的关系。感恩将人的过去正面地联系起来，希望带领人们正面地面对将来，而热情及好奇心则集中于此时此刻的人生。爱和被爱的能力是整个人生中令人最感满足的领域，可见这5项优点与生命满意度的关联的确很大。

该项研究还尝试探讨特别过人的性格优点是否会影响生活满意度。研究结果显示，除了对美的欣赏、好奇及谦逊这几个优点，其他性格优点都有助于提高生活满意度，这些优点越明显，生活满意度便会越高。[2]

二、品格与美德的定义及培养

品格（character）又称为品德，而美德则指美好的德行、品德（character trait），代表一种优良的质量、情操和行为。一个富有美德的人，也是一个具备气质的人，可以视为有涵养及具备内在美。[2]

积极心理学如何理解美德与品格呢？塞利格曼和克里斯托弗·彼得森（Christopher Peterson）认为，美德与性格优点是个人的内在元素，人可以发现、创造和拥有个人的性格优点，继而应用到日常生活中。

性格优点应具备以下特征。

（1）性格优点是一种特质。人们若拥有某些性格优点，他们在不同的环境和时间都可以发挥出来。

（2）性格优点是有价值的。这些优点会带来正面的后果，例如一位具有领导才能的人，通常都较易获得晋升、赞赏和名誉等成就。

（3）性格优点人人都渴望拥有。父母通常期望子女能够具备这些性格优点，甚至在这方面用心去培养子女。

（4）性格优点的表现往往可以激励旁人。当一个人展现他的优点时，别人往往会感到羡慕而非妒忌。

对于个人及主观经验而言，发挥自己的性格优点会出现以下情况。

- 你自觉拥有这些性格优点和美德，并不断在日常生活中把它们发挥出来。
- 当你运用这些优点时，会感到很容易投入其中，并且活力充沛。
- 在你的优点范畴内，学习和成长会显得特别快。
- 你的内心会有一种尽量去发挥自己优点的渴望。
- 你的生活目标往往会配合这些优点，生活自然成为发挥性格优点的舞台。

塞利格曼认为，美好的人生应建立在持久运用性格优点的基础上，在生活各重要领域（如家庭、事业、小区等）做有意义和有价值的事，这样便可得到极大的满足和真正的快乐。[3]

1. 美德与优点的研究和分类

过往的心理学集中研究人的精神问题和医治方法，因而出现了被国际公认为可靠、可信和一致的《精神疾病诊断与统计手册》（简称 DSM）。然而，积极心理学的重点刚好相反，乃是专注研究人的美德和性格优点，及其应用和实践；参考 DSM，设计适合世界各地性格优点的评估及分类方式，并建立了一个客观的测量系统。

塞利格曼与克里斯托弗·彼得森归纳了整个世界横跨几千年的文明，比较各种不同的文化传统、价值观念和哲学理论，发现大部分文化都包含 6 种美德以及实现这些美德的 24 种性格优点，如下表所示。[4]

美德	性格优点
智慧与知识	创造力（灵巧性和独创性） 好奇心（兴趣，发现新事物，对不同经历抱开放态度） 开明的思想（判断力，批判性思考） 喜爱学习 洞察力
勇气	英勇（勇敢） 坚持（毅力，勤奋） 正直（真挚，诚实） 生命力（兴致，热心，活力，干劲）
仁爱	爱和被爱 仁慈（宽厚，培育，关怀，怜悯，无私的爱，善良） 社交智慧（情绪智慧和个人智慧）
公义	公民感（社会责任，团队精神，忠心） 不偏不倚 领导才能
节制	宽恕和慈悲 谦恭和谦逊 审慎 自我规范（自我控制）

灵性及超越	对美丽和卓越的欣赏（赞叹，奇妙，提升） 感恩 希望（乐观感，未来意识，未来方向） 幽默感（调皮） 灵修性（宗教性，信念，目的）

这个性格优点分类系统称为价值实践（Virtues in Action，VIA）性格优点分类（VIA Classification）。若你想知道自己的性格优点，可登录积极心理学网站（www.authentichappiness.com），填写一份“价值实践（VIA）突显优点调查”，问卷有英文、中文和西班牙文等版本，约需 25 分钟，填写后可在网上实时获知结果。这个调查会把每个人的答案与几千名填写人比较，然后依序排列出你的优点强弱，前 5 项称为突显优点（Signature Strengths），它们就像我们的签名一样，代表了个人最独特的地方。

下文将逐一说明每项美德与优点，[5] 并参考学者塔亚布·拉希德（Tayyab Rashid）的 340 Ways to Use VIA Character Strengths（340 种利用性格优点的方法），在“建议方法”一栏，提出发挥个人优点的方法。[6] 如果大家发现与自己的优点接近，请在圆圈内打√号。

（1）智慧与知识（wisdom and knowledge）。

这项美德是层层递进的，由追求最基本的优点——“创造力”入手，进而走向较成熟的优点——“洞察力”。

代表人物：爱迪生

爱迪生被誉为世界上最杰出的发明家，一生发明超过 2 000 多种，对后世影响最深远的是电灯。虽然他自幼家境贫寒，只接受了三个月的学校教育，但他喜爱学习，勇于尝试，对事物的好奇驱使他不断发明创造。少年时代，爱迪生就已经对科学产生了浓厚的兴趣，凭借对事物的洞察力和不怕挫败的冒险精神，获取了丰富的物理、电学、化学等知识。在无数实验中，他不断尝试和创新，发明了发报机、电灯、电影摄录机、电影放映机、留声机等多项划时代的创新产品，对后世贡献巨大。

○ 创造力（灵巧性和独创性）

当你想获取一些想要的东西时，你会尝试用新的方法，而不会用他人惯用的模式。

<u>建议方法</u>

- 每星期一次，撰写一篇文章或以绘画的方式将你的情感表达出来。
- 认识和观察一些具有创意的人，从他们身上探究其独特之处。

○ 好奇心（兴趣，发现新事物，对不同经历抱开放的态度）

对世界的事物持开放和主动认识的态度，当与自己先前所经历的事情或看法不一样时，你就能够有弹性地处理这些问题。

<u>建议方法</u>

- 每星期三次，每次半小时，通过书本、互联网、电视、电台，扩展自己的知识领域。

- 每年至少一次到访一个城市或国家。

○ **开明的思想（判断力，批判性思考）**

愿意仔细思考和探究事物的各个方面，寻找理性客观的证据，然后再做出适当决定。

建议方法

- 开始一个活动时，问自己三个问题：为何要去参与？何时参与？如何参与？
- 当面对新挑战时，想象最好和最差的情况，然后选择对自己最可行的方案。

○ **喜爱学习**

喜欢学习新事物，不论在任何环境下，都能把握机会。例如，除了工作时使用计算机外，下班或回家后也爱使用计算机，还会阅读计算机书籍或逛计算机市场，研究更多的计算机知识。

建议方法

- 参与你感兴趣的研讨会和兴趣小组。
- 每星期至少一次，有计划地学习一种新知识，思考如何将它们运用到生活之中。

○ **洞察力**

这是追求智慧与知识最成熟的优点。人人都具有一套看世界的方式，要能贴近或包容别人和自己的看法，并能帮助他人解决问题。

建议方法

- 建立一个包含不同见解的社交网络，当你需要咨询他人时，便可以寻求他们的帮助。

- 阅读名人隽语，尝试参考他们的看法，建立自己的新观点。

(2) 勇气(courage)。

这种美德是指在不理想的环境下，仍然愿意为目标勇往直前。

代表人物：华盛顿

美国第一任总统华盛顿，小时候因试用父亲送给他的小斧头，砍倒了屋外一棵樱桃树。父亲发现后愤怒地向华盛顿查问究竟，华盛顿毫不犹豫地向父亲认错。父亲因儿子诚实认错便原谅了他。这个故事一直为世人传颂，甚至成为美国的课堂教材。

○ 英勇（勇敢）

能够将惧怕的情绪与其相关的行动分开，假如你惧怕在公众面前演讲，但因为需要，你仍然愿意控制害怕的心情去面对，这便是勇敢的表现。

<u>建议方法</u>

- 尝试保护一些弱势的人，并为他们表达意见和争取权益。
- 学习表达自己与众不同的看法。

○ 坚持（毅力，勤奋）

做事有始有终，纵然事情有困难，你仍能欣然接受并把它做好；或许工作量颇多，但仍乐意完成。

<u>建议方法</u>

- 为自己计划一件重要的事情，并承诺在指定时间内完成。
- 参加学习时间管理的课程。

○ **正直（真诚，诚实）**

不论做事或说话，都能真诚地对待自己及别人。

<u>建议方法</u>

- 监督自己所说的话，留意每天是否说过谎。
- 学习和实践个人专业上的道德操守。

○ **生命力（兴致，热情，活力，干劲）**

对生命充满干劲和热情。每天醒来，都迫不及待地开始一天的新工作。

<u>建议方法</u>

- 每星期进行两至三次运动，然后检验对你的生命力的影响。
- 工作全情投入，热爱自己所做的，并与其他人分享经验。

（3）仁爱（love and humanity）。

一种与他人有正面交际互动的表现，对象包括朋友、家人，甚至刚认识的人和陌生人。

代表人物：德兰修女

德兰修女一生济世为怀，拯救孤苦无依的平民百姓，先后成立了“仁爱传教修女会”“儿童之家”和“垂死人之家”，让身体虚弱和贫穷的人有一个安乐窝。她一生过着清苦与俭朴的生活，把自己的所有给予有需要的人。本着仁爱和怜悯的精神，她走访世界各地，将无私的爱、乐观与希望带给世人。1979年，她获颁“诺贝尔和平奖”，肯定了她对世界的贡献。

○ 爱和被爱

一种与别人存在关爱的关系。当你以爱待人时，别人亦以爱回应。

建议方法

- 赠送礼物给你的朋友，表达对他或她的关心。
- 不论以语言还是非言语的形式，尝试向你所爱的人表达爱意。

○ 仁慈（宽宏，培养，关怀，怜悯，无私的爱，善良的表现）

凡事为他人设想，看待他人比自己更重要；当他人需要你的帮助时，义不容辞。

建议方法

- 为你重视的人预备一顿晚饭。
- 把个人物品赠送给有需要的人。

○ 社交智慧（情绪智慧和个人智慧）

了解自己和他人的情绪、脾气、动机和意向，并能应用这些知识做出适当的反应。

建议方法

- 观看电影，然后写下在观看过程中引发的情感。
- 尝试关心和了解他人的需要。

（4）公义（justice）。

这种美德一般显示在公民活动中，与团体相关，例如家庭、小区、社群、国家甚至世界。

代表人物：马丁·路得·金

马丁·路得·金是美国著名民权领袖。他是一位黑人，为了所有人都能得到公平和合理的对待，毕生致力以非暴力抗议的方式为黑人争取合理权益。他不畏强权，提倡人人平等，竭力争取终止种族隔离法，使黑人也有权进出餐厅、饭店、学校、公共交通等公共地方。他的名言是："我梦想有一天，这个国家会站立起来，真正实现其信条的真谛。我们认为这些真理是不言而喻的——人人生而平等。"

○ 公民感（社会责任，团队精神，忠心）

享受成为团体中的一分子。忠于你的团队，并乐意与他人分享，为了团队成功而不断努力。

建议方法

- 每星期参与志愿服务。
- 每月至少参与一次社交联谊或团体活动。

○ 不偏不倚

给任何人同等机会，在做决定时，不会受自己的主观情感影响。

建议方法

- 在讨论过程中，给予每个人平等参与的机会。
- 为了某些社会公众的利益，给报刊编辑写信，发表意见。

○ 领导才能

能够把团队的工作做好，维持良好的团队关系。

建议方法

- 为同事举办一次联谊活动，组织所有人参与。
- 在团队中，邀请不同的人轮流充当领袖，让每个人都有机会成为领导者。

（5）修养（temperance）。

这种美德指能够切实和恰当地表达个人需求。当环境不满足需求时，愿意等候，直到机会来临才去表达。

代表人物：孔子

孔子被誉为“万世师表”，在他72位入室弟子中，最为人知晓的是颜渊。《孔子家语》记载，颜渊向孔子请教何谓仁德，孔子表示：“克己复礼为仁。一日克己复礼，天下归仁焉。为仁由己，而由人乎哉？”颜渊再详细追问，孔子回答：“非礼勿视，非礼勿听，非礼勿言，非礼勿动。”颜渊曰：“回虽不敏，请事斯语矣！”（《论语·颜渊》）

孔子主张为人要克己和谨慎，多注意自己的行为是否正确和合乎礼节。

○ **宽恕和慈悲**

能宽恕和原谅对不起你的人，经常会给予别人第二次机会。

建议方法

- 按照你的信仰或信念，学习如何宽恕别人。
- 当你受到别人伤害时，尝试回忆自己曾经伤害他人，最后被他人宽恕的经验，然后运用此经验宽恕、原谅现在伤害你的人。

○ **谦恭和谦逊**

不炫耀自己的成就，不在意别人的眼光。

建议方法

- 不在人前刻意表现自己。
- 假如自己有错，即使在后辈或比自己年轻的人面前，也愿意说“对不起”。

○ **审慎**

做事有远见，很审慎，不会做一些令自己后悔的决定。

建议方法

- 当要说一些重要的话时，先三思，再张口。建议每星期进行 10 次这项练习。
- 让自己在平静安稳的心情下做决定。

○ **自我规范（自我控制）**

知道怎样控制自己的欲望、需要和冲动。当不好的事情发生时，可以调节自己的情绪；当负面情绪出现时，懂得调适并将情绪转化为中立；当感到厌烦时，能让自己变得愉快或平和。

建议方法

- 有计划地安排每天的工作，并使之顺利完成。
- 当感到不愉快时，尝试控制自己的情绪，将焦点转移到正面的事情上。

（6）灵性及超越（transcendence）。

这是一种情感方面的美德，它能超越自我，将自己提升到更广大和更恒久的目标上，包括与他人、与将来、与天地万物之间的联系。

代表人物：卢云神父

卢云神父生于荷兰，是著名灵修及牧养神学作家，他的著作深受世界各地人们的推崇。他先后任教于圣母院大学、耶鲁大学和哈佛大学。在人生最后阶段，他毅然离开哈佛大学，去“方舟团体”在多伦多的“黎明之家”服务，晚年忠心地与一群智力有缺陷的人士生活。在其著作中，他以爱的文字表露在“黎明之家”他寻找到一个家。在人们的眼中，这群智力有缺陷的人士既贫穷又需要别人的照顾，卢云神父却从中看到“贫穷”背后的“快乐”。他认为能为生命的好事坏事、喜乐哀伤、成功失败感恩，才真正算是感恩的人。在卢云神父身上，我们看到一种超越自我的境界和力量。

○ **对美丽和卓越的欣赏（赞叹，奇妙，提升）**

能够欣赏所有，不论自然、数学、科学和人为的东西，并对这些东西充满赞叹。

建议方法

- 美化家居环境，为家居添加一些气氛。
- 每天留意一项大自然的奇工，如太阳、天空、云彩、树木、叶子、鸟雀，等等。

○ **感恩**

能对人与事，甚至大自然心存感激之意（详见第四章）。

建议方法

- 每天睡觉前，想三个当日值得感恩的人或事。
- 进食前，思考一下哪些人对你所吃的食物做出了贡献。每星期至少进行一次这项练习。

○ **希望（乐观感，未来意识，未来方向）**

对未来充满希望，看事情总是从好的方面去想，相信只要努力，好的事情便会发生。

建议方法

- 尝试从每次不愉快的经历中，找出至少两项正面的事情。
- 当遇上不愉快的事情时，尝试与能给予你正面看法的朋友分享。

○ **幽默感（调皮）**

很喜欢说笑，经常将欢笑带给他人。

建议方法

- 每星期观看一部喜剧电影或漫画。
- 收集笑话，并在社交场合中多练习说笑。

○ **灵修性（宗教性，信念，目的）**

对人生和天地万物抱有坚定的信念，知道自己的人生目标。

建议方法

- 每天花 5 到 10 分钟进行反思、默想、静观、敬拜或祷告。
- 每天花半小时阅读有关灵性的书籍。

备注：在每种美德之下划出的√号越多，你越有可能拥有该项美德。

2. 培养品格与美德的八大秘诀

我们相信，每个人都有其独特之处，都拥有个人美德与性格优点。人是否高尚并不取决于金钱多少、职位高低，而是取决于品格的好坏。良好的行为应由心出发，比如，当你看到一位年迈的婆婆把东西掉在地上，你不会先考虑是否有旁人称赞或者是否会得到回报，然后才决定要不要帮婆婆捡起来。一个有良好品格的人，应该本着爱与慈悲的精神，立即伸出助人之手。品格培养是非常重要的，下面是我们提供的八种培养品格的途径。

（1）从小做起。

2009 年 4 月，一个团体进行了一项“子女品格教育问卷调查”，访问了 7 700 位家长及学生。研究发现，在亲子相处的时间段，如果按先后次序排列，家长表示会以培养孩子的品格为首，其次是督促学习、教导自理能力、培养兴趣等。[7] 由此看来，大部分家长都较重视孩子的品格。当询问年幼孩童的父母对子女的期望时，一般家长都表示希望子女将来能够成为有用的人。事实上，假如父母在孩子年幼时都能重视他们的品格培养，很可能已经为子女的人生打下了幸福和快乐的基础。

（2）学校。

儿童及青少年在学校与师长和同学一同学习、嬉戏、分享喜与忧，不可否认，校园生活对他们来说极为重要，在培养学生的品格上扮演着极其重要的角色。在这个既安全又特定的环境中，学生的个性特质和美德可以渐渐地被塑造和培养出来，比如多参加课余活动，可能会培养出领导力、亲和力和意志力等性格优点。

（3）工作。

罗伯特·比斯瓦斯－迪纳（Robert Biswas-Diener）和本·迪恩（Ben Dean）归纳各方研究发现，公司如果选择发挥员工优点，总比改善他们的缺点更有效。[8] 所以，当我们在职场上看到下属有表现不佳之处，与其费尽心机与他们讨论和寻求改变，倒不如尝试帮助下属发掘自己的优点，在工作上给予发挥的机会，让他们在工作中看到自己的价值，从而对公司建立归属感和信任感。对于发挥员工的能力，相信这种做法比勉强他们改善缺点更为有效。

（4）积极发展个人的突显优点。

克里斯托弗·彼得森认为，人应该在工作、感情、游戏和教养孩子等方面积极发展自己最强的 5 个优点，这样生活才能变得更丰富和成功。他建议先在网上完成“价值实践优点调查”，知道自己最独特的前 5 项优点。之后，可以采用各种创新方式来发挥这些优点。[9] 依据克里斯托弗·彼得森的研究，当我们每天都善用这些优点时，我们的快乐情绪也会随之提升。

（5）积极发展与生活满意度相关的优点。

前文提及塞利格曼的研究，他发现在 24 个性格优点中，希望、生命力、感恩、好奇心及爱和被爱的能力这 5 项优点，与我们的生活满意度相关系数最高，表示它们彼此的关联最大，也就是说，拥有和发展这 5 项性格优点，个人的生活满足感会越来越高。基于此，大家不妨尝试积极培养和发挥这些优点，然后应用在生活之中，提升生活的满足感。

（6）阅读名人故事。

大家可以通过阅读名人或伟人的故事和传记，了解这些人物的成长经历和优秀个性，向他们学习，潜移默化地建立自己的美德和品格。

（7）与人结交，彼此分享。

前文提及一个真正拥有美德的人，他表现出来的行为能够激励他人，使人羡慕，而不会让人心生妒忌。我们可以多与个性特质健康的人交往，彼此分享，一同参加有益的活动，通过相互接触，模仿对方的优点，在潜移默化中使之成为自己的美德。

（8）自我反思。

大家的生活急促忙碌，每天都在高速处理各种工作，很多时候没有时间和空间反思自己的所思所行。因此，我们可以每天花至少半个小时，阅读一些灵性书籍或聆听柔和的音乐，让自己的心灵得享安宁，进而检验一下日常生活中为人处事和待人接物的方式方法，扩展自己的美德与优点。

真正的快乐是由心出发，良好的品格和美德则是快乐重要的基石。不论是传统文化还是近年流行的积极心理学，都不约而同地指出：能认识及发挥个人美德及性格优点，是活得美好和快乐的秘诀。

本章介绍了塞利格曼及其同侪归纳出来的 6 种美德和 24 个性格优点，大家可以通过标准化的问卷或自我探索来确定自己的优点，并在生活中用心尽力地实践这些长处，自能得到快乐和满足。

当然，发挥优点之余，大家也要留心自己的性格缺点，看看能否加以改善。很多不快乐的原因可能与这些性格缺点有关，例如因粗心大意而屡犯错误，或因太自私，以自我为中心而失去友谊。大家要正视自己的缺点，尽量加以改善。当然，我们也承认没有人是完美的，要学会接纳自己不易改掉的缺点，尽量集中发展优点，这样才能成为一个成熟和愉快的人。

最后，大家可能已经留意到，在 24 个性格优点中，本书前文已详细介绍过乐观（希望）和感恩这两个优点，它们被证实是与快乐和满足相关系数极高的性格优点。第五章探讨的投入体验和第七章讨论的追求理想目标，则很可能与生命力这一优点互相关联，即生命力强和充满热情的人，自然会全身心地投入生活，为理想而努力奋斗。至于第八章人际关系的建立，则很符合爱与被爱的能力这一性格优点，可见本书讨论的都是极为重要的快乐元素。

快乐工坊

1. 请你思考一下，你已拥有哪些性格优点？

____

____

____

____

2. 你可登录 www.authentichappiness.com 网站，填写一份“价值实践突显优点问卷”，检测你的个人优点。然后将前 5 项突显优点写在下面，与第 1 题中你所填写的优点进行比较，看看它们是否相同。

____

____

____

____

3. 请你计划一下，写出 3 个创新方法，以便在生活中发挥这些突显优点。

____

____

____

____

参考文献

[1] Seligman M E P.Authentic Happiness[M].New York：Free Press，2002.

[2] Park N，Seligman M，Peterson C.Strengths of character and well-being[J]. Journal of Social and Clinical Psychology，2004，23（5）：603-619.

[3] Seligman M E P.Authentic Happiness[M].New York：Free Press，2002.

[4] Peterson C，Seligman M E P.Character Strengths and Virtues[M].New York：Oxford University Press，2004.

[5] VIA Institute on Character[EB/OL].（2008）[2009-11-11]. www.viacharacter.org.

[6] Rashid T.340 Ways to Use VIA Character Strengths[EB/OL].（2005）[2009-11-11].http://www.viacharacter.org/Practoce/Exercoses/tabod/132/Default.aspx.

[7] 子女品格教育问卷调查结果 [N]. 香港有品，2009.

[8] Biswas-Diener R，Dean B.Positive Psychology Coaching: Putting the Science of Happiness to Work for Your Clients[M]. New Jersey: John Wiley & Sons，2007.

[9] Peterson C.A Primer in Positive Psychology[M].New York: Oxford University Press，2007: 158-160.

第三篇

快乐的秘诀（进阶篇）

第七章　快乐方向：追求理想目标

满足自己并不能令人得到真正的快乐，坚定不移地朝着值得追求的目标行进，才能让人得到真正的快乐。

——美国教育家海伦·凯勒（Helen Keller）

常听见不少父母抱怨时下的年轻人终日沉迷于上网打游戏，放学后不是在街上逗留、百无聊赖地游荡，就是回家锁上房门上网至三更半夜。这群年轻人到底缺少什么，需要什么，他们迷失方向了吗？积极心理学告诉我们，人想要活得快乐，就要拥有理想，追求有价值的目标。

本章将详细讲解目标在我们生活中的重要性、目标的优劣和种类、长期目标和短期目标的制订，以及达成目标的实际方法。本章也会引用积极心理学中的“希望”理论，深化大家对追求美好目标的认识和理解。

一、目标的重要性

人为何需要订立目标？目标对我们的一生有什么重要影响呢？下面来看看美国哈佛大学所做的一项很有意思的研究。[1] 这是对一个班里的年轻人长达25年的追踪研究，研究发现，其中3%有清晰而长远目标的年轻人，25年来一直努力不懈地朝着目标迈进，最终成为社会各界顶尖的成功人士。相反，其中27%没有任何目标的年轻人，25年后几乎都生活在社会的低层，时常处于失业状态，成为经常抱怨、生活很不如意的人。

这项研究告诉我们，目标对于整个人生具有深远而巨大的影响。一个没有目标的人，仿佛一艘没有航向的小船，在茫茫大海中迷失方向。由此可以看出，目标的主要作用在于导向，引导我们坚定地朝着一个方向前进。

每个人一生中都有不同且众多的需要和追求。订立目标能够帮助我们看清自己的人生使命，确立人生方向，进而集中精力和资源，竭力朝着目标迈进。看着自己一步一步地接近理想，个人会产生更大的成就感、动力和热诚，推动自己不断向前。一个划小艇过河的人，若看见越来越接近彼岸，相信比在雾气氤氲中的人更尽力划向前方。

第五章介绍的“神驰”经验，可以有效提升生活的快乐程度。根据心理学家契克森米哈赖的理论，[2] 要有效达到神驰的状态，必须先制订具有挑战性且可以达成的目标，同时又掌握达成目标所需的技能。当努力追求这一目标时，大家可能会体验到那种乐而忘我的投入感和满足感。因此，制订和适当地追求明确清晰的目标，是实现快乐人生的不二法门。

二、目标的种类

综合各方面的研究成果，学者埃蒙斯认为，大多数人会在以下 4 个领域寻找和确认自己的人生目标。[3]

- 工作 / 成就（work/achievement）。
- 关系 / 亲密（relationship/intimacy）。
- 自我超越 / 贡献（self-transcendence/generativity）。
- 宗教 / 灵性（religion/spirituality）。

积极心理学研究发现，并非所有目标都一样好，一样可以让人活得快乐。大多数人认同的人生目标中，经常与个人的快乐程度和满足感挂钩的，只有“关系 / 亲密”“自我超越 / 贡献”和“宗教 / 灵性”这三项。追求个人成就和权力，有时会对我们的生活满足感和快乐指数产生负面影响。

其他研究也告诉我们，人类的目标可以分两个层次去理解。学者蒂姆 · 卡兹（Tim Kasse）和理查德 · 瑞安（Richard Ryan）将个人目标分为能满足内在需要的 **“内在目标”**（intrinsic goals）和满足外在需要的 **“外在目标”**（extrinsic goals）。[4] 内在需要指能直接让人内心产生满足感的需要，如爱、关怀、自尊等。外在需要则是指生活的外在需求，如金钱、社会地位、容貌等。研究显示，追求外在目标往往会为人带来较多焦虑、抑郁、以自我为中心、身体出现问题等。过分重视和追求物质等“快餐式快乐”的“拜金主义者”，在社交和人际关系中都可能出现较大困难，自尊感也较低。相反，**追求内在目标和心理满足，可以为个人带来较大的幸福感和更多快乐**。然而，外在目标也不是完全没有好处的，它们能使人获取资源，如金钱、时间，可以用来达成内在目标。因此，如果运用和配合得宜，外在和内在目标两者是相辅相成的。

埃蒙斯也指出，**目标可以分为积极性和消极性两类**。有些人主要追求积极的 **“正向目标”**（positive goals），以达成愿望，促进美好人生目标的实现；有些人则主要追求消极的 **“负向目标”**（negative goals），如逃避痛苦、失败、失落等。两种目标代表着不同的人生态度。埃蒙斯的研究指出，负向目标越多，幸福感、健康情况和对婚姻的满足感也会越低。可以说，快乐是以目标为本的积极人生的副产品。

心灵故事

一种挑战，两种态度

面对同一个挑战，不同的人会采取不同的态度，有些人会选择追求积极的“正向目标”，有些人则选择追求消极的“负向目标”。

阿岚和家熙同时被公司裁员，加入失业大军。面对同一事件，他们选择了两种截然不同的处理方法。家熙虽然接受了被裁员的事实，但一直都提不起劲向新目标出发。他害怕再次被裁员，所以没有努力寻找一些可以发挥自己所长的职位，而是选择了没有挑战性的临时工作，工作的要求远低于他的学历及经验。

与家熙相反，阿岚选择了积极面对被裁员的事情，她报读了与自己兴趣及职业相关的课程，以更扎实的基础及丰富的知识迎接未来的挑战。除了装备自己，阿岚还十分积极地寻找新工作，希望尽快找到一个更适合自己的工作岗位，发挥所长。

家熙和阿岚朝着两个不同的方向前行，虽然两位最终都找到了新工作，但阿岚比家熙更快乐，她获得的新工作更切合自己的人生目标，在为目标努力的过程中，她也得到了成就感与满足感。可见，追求积极目标和消极目标会带来不同的结果。

三、如何订立目标

目标在人生中占据极其重要的位置，但成功达标不一定能够带来满足感和快乐，还要看你订立的目标是否适当、正确。读书时努力读书，希望考取优异的成绩；长大后努力工作，期望能够出人头地，升职加薪。这些目标或许都不是自己认真制订的，可能只是父母、老师、朋友认为重要的价值取向。

研究指出，现代人之所以空虚与抑郁，与他们不懂得为自己制订合理的目标有关。如果缺少合理且清晰的奋斗目标，我们就会虚度光阴，生活又怎么会有意义呢？试回想一下，你的人生目标有多少是由别人或环境来决定的呢？

订立正确的目标非常重要，许多人往往不懂得如何订立目标，因而无法达到自己的目标，期望做的事情往往半途而废或无疾而终。如果想订立可行又切合实际的目标，可以参考心理学目标理论——SMARTER。该理论认为，好的目标应具有以下特点。[5]

Specific（明确详尽）

Measurable/observable（可量度/可观察到的）

Achievable（可达到的，可分成较细的步骤）

Relevant to your situation（切合个人情况，不要人云亦云）

Time-bound（有时间限制的）

Evaluate（在预定时间内检讨成果）

Reward（如能达标，便要奖励自己）

以下例子具体阐述什么是合适和不合适的目标。

个案：快要 30 岁的志强在新界北区工作。他刚升职，希望能够置业。

	不理想的目标	理想的目标
Specific	我想买一个房子	我想买一个价值 200 万元到 250 万元的房子，地点不能离工作地太远
Measurable	我想买一个好的房子	我想买的房子面积要在 70 平方米以上，朝向东南面等
Achievable	我现在开始储蓄，首付款用现金付款	我现在开始储蓄购房首付所需金额，约需两年时间，希望能在 15 年内把房子供完
Relevant	所有人都说广州的房子较便宜，质量不错，我买了以后再解决交通的问题吧	我想买的房子要交通方便，离工作地不超过 45 分钟车程
Time-bound	我想下个月就能买到新房子，并能搬进去（或我没有急切需要，再等十年也可以）	我希望两年内能够成功置业
Evaluate	我一定要有自己的房子	我每 3 个月会重新评估自己的目标，就当时的实际情况，看看是否需要修订目标
Reward	我不会把钱花在其他目标上，直到我把房子供完为止	每年我都会用数千元跟家人到外地旅游散心，为自己的努力和成就奖励一下自己

除了参考 SMARTER 理论去订立目标，大家在制订目标时还

要注意以下事项。

- 目标应该是你想做到的事情，而不是别人想让你做的事情。
- 检验自己对重要目标所做的决定。
- 订立具有挑战性的目标，可以让自己更好地发挥潜能。
- 制订不同领域的目标，如工作、人际关系、友谊、健康、灵性成长等。
- 按最重要到最不重要的次序，给目标排序。
- 先选择最重要的目标来执行。
- 当自己正在努力，希望实现重要目标时，不要受别的事情影响或分心，要坚持到底，绝不动摇。

四、如何执行和坚持目标

如果你想实现一个较大的目标，可以先把这个目标分解成一些较小的目标，小目标乃是为了最终实现大目标而设定的。

请看以下例子：国光前阵子中了风，现正在康复中，但仍然行动不便，走路困难。他的大目标是不需要器材辅助或他人搀扶也能走路。在实现大目标前，他的小目标可以包括锻炼四肢肌肉力量，有足够力量去走路，以及逐渐减少对辅助器材的依赖等。

若你希望自己能够坚持目标，这个目标对你来说就一定是有特殊价值和意义的。如何才能找到有意义的目标呢？学者索尼娅·柳博米尔斯基建议，可以写自传记下个人的经历、价值观、贡献等重要的事，[6] 同时还能以长辈的身份写下对后人的期望，此举有助于大家不断检验生命中的作为及目标，不断自我提醒和检讨，这实在不失为一个好办法。

很多人因害怕而放弃追求理想和目标。其实，一个从没犯过错的人，可能只是一个没有作为的人，从未尝试或努力过，所以他拥有的只是零。达到目标可能要面对像万重山一样的阻隔，但只有切实去做，才有机会成功。同时，要以开放的态度接受新事物，很多时候，环境改变会促使自己学习新技能来适应环境，所以，变迁未尝不是好事。正如西方谚语所云：一扇门关了，自有另一扇门打开。

那么，如何订立清晰的目标，过上真正有意义的人生呢？学者埃蒙斯认为，有 3 个极为重要的美德和品格优点，是订立和追求目标的过程中重要的态度和精神，那就是慎思（prudence）、耐性（patience）和毅力（persistence）。[7]

慎思，让我们能更有效地运用生命资源。没有经过深思熟虑制订的目标，只会浪费资源，到发现时已是后悔莫及。为生活订立目标时，首先要了解自己的价值观和需求，分辨哪些是别人的要求，哪些才是自己真正重视和希望得到的东西。目标应该尽量具体和实际，方便一段时间后评估进度是否如自己所想，目标过于笼统和模糊，往往令人难以评估进展。

要达到目标，耐性是不可或缺的。西方谚语有“罗马不是一天建成的”，有时我们要等待合适时机，有时则要忍受不如意的情况，不能轻率行动，可见耐性对实现目标的重要性。目标可划分为长期、中期和短期。长期目标一般指为期三至五年，以至十年内希望实现的事情；内容必须符合个人价值观和信念，也能满足一些个人的基本需要。然而，很多人只有长期目标，冀望“一步登天”，没有订立中期及短期目标，以至于很难逐步达成自己的目标和理想。人生有不同的阶段，要在适当阶段订立适当的目标。制订目标要由远及近，由大到小，并能踏实耐心地从短期目标和计划开始执行，同时经常自我觉醒和与时俱进。

中国有一些谚语，如“铁杵磨成针”“愚公移山”等，都不约而同地与许多科学研究结果非常吻合：**成功者与失败者最重要的区别，在于他们能否坚持，是否有足够的耐力**。能面对失败，不气馁，不放弃，对目标坚定不移，确实是人生成功的秘诀。因此，当你订立恰当的目标后，要全力以赴向前跑，坚韧和耐力都非常重要。在达到目标的过程中，我们需要定期检讨自己是否满意完成目标的进度，并考虑做出适当的修正。这个不断检讨和修正的过程同样需要毅力，也是成功完成目标不可或缺的一环。

完成目标后，切勿忘记奖励自己的努力和坚持，多学习如何善待自己。适当的奖励可以像“加油站”一样为我们的心灵加油，让我们更有冲劲完成更大的目标，为自己的人生增姿添彩。

心灵故事

坚持信念，走到终点

南非前总统纳尔逊·曼德拉一直反对种族主义，抱有建立一个平等、自由的新南非的坚强信念。

曼德拉生于1918年，是家中长子，酋长的继承人。但他不想以酋长的身份统治部族，而是希望“以战士的名义投身民族解放事业”。这个清晰的目标伴随着曼德拉的人生，让他走上追求民族解放的道路。他先后参加主张非暴力运动的南非非洲人国民大会，成为大会的“青年联盟”主席、大会执委、全国副主席等，他还成功组织了“蔑视不公正法令运动”，赢得全体黑人的尊敬。但他追求民族解放的道路并不平坦，43岁时，曼德拉被南非政府以“煽动叛乱罪”“非法越境罪”及“企图以暴力推翻政府”的罪行，判处无期徒刑。

曼德拉被囚狱中27年，直至1990年，在国内外的舆论压力下，南非当局宣布无条件释放曼德拉。虽然在狱中受尽迫害和折磨，但曼德拉的信念从未改变。凭着坚强的毅力，曼德拉在1994年南非非洲人国民大会首次不分种族的大选中获胜，成为南非首位黑人总统。

五、希望理论

谈到目标，不得不介绍学者查尔斯·R·斯奈德（C.R.Snyder）的**“希望理论”**（Hope Theory）与研究。[8]一般人可能认为，有希望即相信未来会更好，对将来充满信心，但其实这只是乐观。与乐观相比，斯奈德认为，“希望”应包含向前瞻望及相信自己有达成目标的能力和路径。相反，乐观的人不一定具备清晰的目标和达到目标的方法。

1. 希望的组成元素

斯奈德的研究提出，希望由以下元素组成：

目标（goal）+ 达到目标的方法（pathway）+ 达到目标的意志力（agency）= 希望

希望包含一个人对其目标能否达到的觉知。我们应该主动并以坚持的态度去追求目标，这就是达到目标的意志力。至于方法，一般情况下有多种达到目标的方法。希望感越高，就越能想出各种可行的方案。相信自己能达到目标的感觉，也会激发人们在遇到障碍时主动寻找其他路径。总体而言，希望就是一个人相信自己有能力和方法达到目标，包括针对目标评估内外环境，寻找有效的方式，坚持直至达到目标。

要协助失去希望的人重燃希望，可以运用斯奈德的"希望理论"，找出人们缺乏的希望元素。例如有些人有目标，却不相信自己能达到目标，也不知道如何达到目标，有些人则没有目标；还有些人拥有目标，也相信自己有能力达到目标，却找不到达到目标的途径。在这种情况下，只要客观分析，对症下药，自然能提升个人的希望感和达到目标的机会。

2. 高希望感的好处

斯奈德研究显示，在他设计的希望感量表中取得高分的人（即高希望感者），在各方面都优于低希望感者。

- 身体方面：应付损伤、疾病和病痛的能力较佳。
- 情绪方面：成就感、自信、乐观程度、生命意义和快乐指数都较高，较少有抑郁和焦虑情绪。

- 学业方面：从小学到大学的成绩都较优异。
- 运动方面：表现更为出色。

另外，高希望感的人抗逆力较强，他们会把困难看成挑战，积极寻找其他方法去达到目标。

研究显示，希望感和目标的订立与减弱自杀念头的关系极为密切。在学者杜贝（Dube）等人的研究中，[9] 有自杀念头的退休人士参加了以增加快乐为目标的研究计划，这项研究是帮助他们制订个人计划和追求目标。完成计划后，每个人都做了 16 项有关目标和快乐的问卷以评估计划的成效。结果显示，与对照组相比，参与计划的人较为正面和乐观，自杀念头也相应减弱，这种正面结果在 6 个月后依然持续。由此可见，订立并达成目标可以有效帮助有自杀倾向的人，给他们带来希望感，改善情绪。

另外，学者罗利（Rowley）等人研究发现，[10] 希望感和订立目标与青少年的成长也有密切关系。希望感强的青少年会把问题看成挑战而非威胁，他们会使用正确的应对方法。同时，这些青少年对挑战有更正面的看法。这证明希望感不但是正面的观点，更能增强人们面对压力的抗逆力。

斯奈德的研究还显示出希望和教学的关系：高希望感会令学生为自己订立进取的目标分数，提升他们的自信、自尊和战斗力，从中感到快乐；反之，低希望感的青少年会感到自卑、沉闷、缺乏动机和缺乏对目标的渴求等。

六、盲目追求目标的代价

本章介绍了生活有目标的好处，制订和达到目标的方法，这都与我们的快乐和满足感息息相关。然而，凡事总有两面，过度追求目标或追求不恰当的目标，有可能会承受健康和情绪上的风险，例如太专注追求目标而忽略生活的其他方面。生活失去平衡，可能也会付出很大的代价。事实上，不少人为了事业上有更大的成就或更上一层楼，不惜废寝忘食地工作，虽然成功达到目标，但可能损害了身体健康，或牺牲了与家人朋友的亲密关系，这种例子屡见不鲜。因此，制订目标时必须兼顾各方面的需要，要尽量取得平衡，不能顾此失彼。

还有的人太看重一个必须达到的目标，万一失败，可能经受不起打击，从此一蹶不振，这也是过分执着个人目标的危险。如何建立有目标的生活固然重要，但懂得何时修订甚至放弃目标也同样重要。必须因时因地制宜，灵活变通，才能在追求和达成目标上不断得到满足。

换句话说，大家要知道何时应坚持，何时应放手。放手并不一定代表失败，很可能是一种生活的智慧。正如保罗在《圣经》中所说："我无论在什么情况都能够知足，这是我已经学会的。"（《腓立比书》4：11）如果大家已经尽了最大努力，但碍于各种原因未能达成目标的话，可能要重新考虑是否应该修订甚至放弃原有的目标，尝试寻找其他可以带来意义和满足的新目标。如果能够怀着广阔自在的胸襟去追求理想和目标，就是最理想的快乐人生了。

目标对每一个人来说都非常重要，它既是积极心理学的重要元素，也会影响人们生活的许多方面。目标好像指南针，美好的目标能令生活更有价值和意义；而没有目标，人生就像失去了方向，迷了路，不知道生存的理由，整日浑浑噩噩。再者，**实践目标的过程能令人产生责任感，还能把握机会去学习新技巧，以及建立与群体的互动**。事实上，人是群居动物，有很强的归属需要，所以，订立目标往往会涉及其他人，如朋友、家人、同事等。人需要有社群、关系和网络，驱使我们不断地奋斗，这也是快乐的来源之一。

快乐工坊

一飞冲天

订立目标绝非难事，但如何制订出有效及切合实际的目标并不容易。

在举办的积极心理培训课程中，“一飞冲天”这个游戏让参加者对订立目标有了进一步的认识，同时也为他们带来了不同的反思。

先简单介绍游戏的玩法。

1. 参加者先分成小组，利用派发的材料折出一定数量的纸飞机。

2. 游戏开始前，组员要商讨及制订他们的目标分数。在商讨过程中，组员不能试飞。

3. 制订目标分数后，参加者必须将纸飞机飞到场地上预先设定的计分区。

4. 第一回合结束后，组员可以根据第一回合的经验及结果，重新评估小组的目标分数并做出修正，再进行第二回合的比赛。

5. 游戏胜负不在于分数高低，而是取决于实际所得分数与目标分数是否接近，最接近者胜出。

虽然上述游戏很简单，但参加者通过游戏能做出许多反思。参加者在游戏的第一回合制订的目标大部分都与所得分数有很大的差距。就像我们平时订立目标一样，因为不太清楚自己的能力，可能会将目标定得太高或太低。可是，当我们有了实际经验后，便可以根据自己的能力和经验做出修正，就像参加者完成第一个回合后，便能根据之前的经验做出适当的修订。

在第二回合时，参加者制订的目标分数与第一回合有显著区别，目标分数比之前的更实际并且更切合自己的能力。同时，在讨论过程中，组员之间的支持和鼓励可以让大家更相信自己的能力，并努力达到共同制订的目标分数。

总体而言，这个游戏让我们知道订立目标时需要考虑的因素，包括对所订立目标的经验、对自己能力范围的了解，以及能够得到的支持等，这些因素有助于我们订立更接近实际的目标，还能协助自己坚持信念，直至达到目标。

订立目标

你能描绘出目前生活中各个重要领域的目标吗？试想想，然后填在下面的表格中。

生活目标		达到目标的程度（0：完全未达标，10：完全达标）	改善或有助达到目标的方法
家庭			
工作 / 事业			
人际关系			
个人成长			
爱好 / 兴趣			
灵性 / 信仰			
健康			

参考文献

[1] 刘岩 . 快乐智商 [M]. 香港：中华书局，2009：35.

[2] Csikszentmihalyi M.Flow：The Psychology of Optimal Experience – Steps towards Enhancing the Quality of Life[M].New York：Harper Perennial，1990.

[3] Emmons R A.Striving and feeling：Personal goals and subjective well-being[M]//In Bargh J，Gollwitzer P（Eds.）.The Psychology of Action：Linking Motivation and Cognition to Behavior. New York：Guilford，1996：314–337.

[4] Kasser T，Ryan R M.Be careful what you wish for：Optimal functioning

and the relative attainment of intrinsic and extrinsic goals[M]//In Schmuck P, Sheldon K (Eds.) .Life Goals and Well-being. Gottingen: Hogrefe, 2001: 116-131.

[5] Lathan G P.Goal setting: A five-step approach to behavior change[J]. Organizational Dynamics, 2003, 32: 309-318.

[6] Lyubomirsky S.The How of Happiness: A Scientific Approach to Getting the Life You Want[M]. New York: The Penguin Press, 2008.

[7] Emmons R A, Keyes C L M, Haidt J (Eds.) .Flourishing: Positive Psychology and the Life Well-lived[C].Washington DC: American Psychological Association, 2003: 105-128.

[8] Snyder C R (Ed.) .Handbook of Hope: Theory, Measures, and Applications[M].San Diego: Academic Press, 2000.

[9] Dube M, Lapierre S, Bouffard L, Alain M.Impact of a personal goals management program on the subjective well-being of young retirees[J]. European Review of Applied Psychology, 2007, 57 (3): 183-192.

[10] Rowley A A, Roesch S C, Jurica B J, Vaughn A A.Developing and validating a stress appraisal measure for minority adolescents[J].Journal of Adolescence, 2005, 28: 547-557.

第八章　快乐关系：经营愉快关系

No man is An Island.（没有谁是一座孤岛。）

——英国作家约翰·邓恩（John Donne）

从我们呱呱坠地开始，就要学习与身边人交往，包括礼仪教化、长幼有序、人际沟通等，在人生路上，我们都学过不少。凡此种种都告诉我们，自己需要学会与他人相处。积极心理学家指出，拥有美满的婚姻，温馨的家庭，真挚的友谊，人生会变得更精彩；当逆境到来时，我们也有足够的能力承担。[1]

中国人非常重视社会关系，儒家思想以五伦关系——君臣、父子、兄弟、夫妇、朋友为社会的基础。西方的社会科学在比较东西方文化差异时，称西方文化为个人主义，东方文化为集体主义，意指东方社会群体利益高于个人利益，个人愿意为群体（如家庭）而牺牲自己。中国人也特别重视别人对自己的观感和看法，所以“面子”是一个非常重要的观念，不给人面子被视为对人极大的侮辱。我们做事往往按“关系法则”进行，对不同关系的人会采用不同的做事方式，即所谓“亲疏有别”，此外，“维护关系”也是社会上的生存之道。

正因中国文化重视人际关系，所以我们的幸福快乐也绝对不能脱离社会关系的层面去理解，如何建立正面愉快的关系，对中国人来说非常重要。若论中国人的生活状况及人际关系究竟是悲是喜，是空虚还是充实，相信不同的人会有不同的解读。但下文的一些数字可以让我们对香港人的婚姻、家庭、友谊和宗教有更多的了解和体会。本章希望与大家一起探讨如何处理不同的关系，让自己和身边人的关系变得更正面和愉快。

一、幸福到白头

“无论疾病健康、贫穷富裕、年轻衰老、顺境逆境，我都愿意爱你、安慰你、尊敬你、保护你，并愿意一生一世对你永远忠心不变，这是我的许愿。”红地毯上的誓盟，大家是否还记忆犹新？如今你还能坚守吗？

纵观目前香港的婚姻问题，确实令人惋惜。2008 年香港的离婚数为 17 771 宗，比 1981 年的 2 062 宗上升了 7.5 倍。[2] 到底数字背后反映了什么现象？为何会有这么多婚姻亮起红灯？为何小风波会演变成大悲剧呢？

西方有一种“爱情银行”理论（Love Bank），作者威拉德·哈利（Willard Harley）用来比喻夫妻关系。夫妻关系好比一个银行联名的储蓄账户，经常会存入和提取。良好的夫妻感情，如给予对方关心，做一些令对方喜悦的事情，就像为这个银行账户存入“正面感情货币”；反之，恶劣的夫妻感情，如讲伤害对方的话、不关心配偶、冷漠响应对方的需要，就像从这个账户提取“正面感情货币”。

根据“爱情银行”理论，良好与恶劣的夫妻感情最大的区别是正面存入（positive deposits）与负面提取（negative withdrawals）的比例不同，如下图所示。[3]

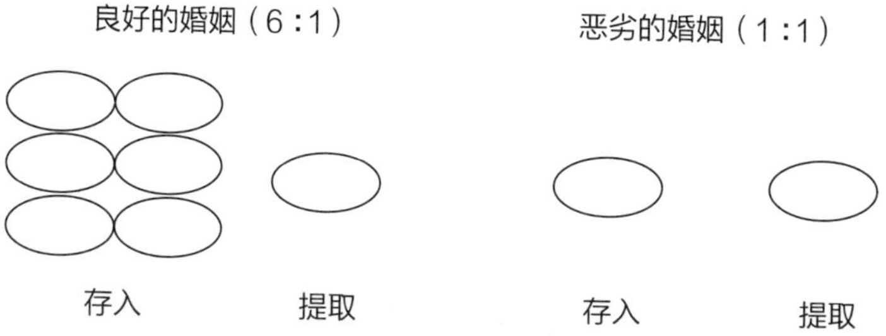

由此可见，婚姻是需要努力经营的，夫妻任何一方都有责任为这个联名账户存入爱护与关心，有时一句问候或一个眼神，看似微不足道，但其实已为这个账户增添了存款，不妨多做一点，为美满婚姻打造良好的基石。

心理学家艾伦·卡尔（Alan Carr）在其著作《积极心理学：关于人类幸福和力量的科学》（*Positive Psychology: The Science of Happiness and Human Strengths*）中，提出多项帮助夫妻提高婚姻满意度的策略，现列举部分建议与大家分享：[4]

- 接受及尊重你的配偶，不要试图去改变他 / 她。
- 每天花时间去聆听对方，和对方分享你的体验。
- 尝试花时间与配偶一同参与正面的事件。
- 当冲突发生时，要关注对大家关系的影响，而不是专门在配偶身上找毛病。
- 当夫妻相处不协调，身体出现压力与焦虑的症状时，请花点时间进行放松练习。
- 冲突发生后，尝试尽快解决，不要拖延。

这 6 项策略让我们明白：夫妻双方要为自己的婚姻幸福付出努力；婚姻遇上问题时，大家应正视及寻找解决方法。只有彼此珍惜和坚持处理问题，婚姻才能恩爱到白头，真正实现“执子之手，与子偕老”的理想。

快乐工坊

以悲剧收场的夫妻

阿诗今年33岁，到这个城市和丈夫结婚已有6年，一直当家庭主妇，打理家务井井有条，对孩子呵护备至。丈夫是土生土长的本地人，从事装修工作，每日劳碌，回家后总爱躺在沙发上休息。二人育有一名3岁孩子。

最近夫妻经常吵架，丈夫怀疑阿诗有第三者，常不满阿诗逛街、穿漂亮衣服，对她准备的饭菜也诸多批评，孩子不听话则责备阿诗不懂管教。阿诗情绪受到极大困扰，有时脾气暴躁，有时自我封闭，越来越没有处理家务的积极性。丈夫对她的不满有增无减，在一次吵闹中，更是对阿诗大打出手，还不慎用玻璃杯割伤了阿诗的胳膊，从此夫妻关系势如水火，最后阿诗决定申请离婚。

不妨想一下，这段婚姻关系破裂的原因何在？悲剧是否可以避免？

二、爱源自家庭

家庭是社会的基本单位，是每日打拼工作疲累后休整的港湾，也是孕育下一代的核心地方。人的个性、品格、德行，都是在家庭成员互动下建立起来的，所以家庭对每个人的影响至为深远。

古时《孝经·丧亲章》说："孝子之丧亲，哭不偯，礼无容，言不文，服美不安，闻乐不乐，食旨不甘，此哀戚之情！三日而食，教民无以死伤生，毁不灭性，此圣人之政！丧不过三年，示民有终也。"[5]《孝经》详述了何谓孝道，父母健在时，子女要心存爱敬；逝世后，要心存悼念，守孝三年。中国传统文化特别重视子女对父母的敬重和孝道，可惜，这一优良传统已大不如前。

根据全国妇联、国家统计局实施的"第三期中国妇女社会地位调查"，中国老年人群体中的虐待总体发生率为7.0%，其中情感虐待的发生率最高，为4.7%，照料忽视次之，3.6%，经济虐待2.7%，躯体忽视发生率较低，1.6%；我国家庭内老年人受虐待发生率为13.3%。这些数字反映出的问题可能只是冰山一角，究竟有多少案件仍未揭发？现今许多父母与子女的关系已经势成水火，实在叫人心酸。

面对这幅令人伤心的画面，我们需要好好检讨自己的家庭关系，尽早正视问题，寻求改善方法。政府早年的宣传口号"爱你的家人，讲得出，做得到，一家人嘛！"正好道出我们需要爱护家人，要为彼此付出，不能空口讲白话。以下是一些培养家庭关系的建议，不妨参考一下，它们可能会成为你的指路明灯。

1. 让自己成为"爱的循环者"

作家大卫·波莱（David Pollay）认为，父母乐于为孩子付出，是因为他们是"爱的循环（Love Cycle）者"，在爱的循环关系里，家人不会问谁先为我付出，继而去衡量应该付出多少，大家都会不自觉地为对方付出，也很自然地得到回馈。[6]就像父母并不会因为自己曾为孩子洗衣煮饭和供书教学，就计较孩子长大后是否会归还他们付出的金钱和时间。因为父母并非“计数器”，而是无条件地付出爱，全心全意地照顾儿女。

2. 与亲人保持来往

心理学家迈克尔·阿盖尔（Michael Argyle）认为，若亲子、手足以及大家族成员之间能够保持亲密的关系，那么每一个家庭成员都会感到其社会支持（social support）增强了，快乐能量也会提升。[7]我们可以与家人及亲戚定下每年相聚的日子和内容，例如吃一顿饭、一起旅行、举办节日烧烤晚会等，目的是保持与亲人的联络，在相聚过程中了解大家的近况，互诉心声。有需要时，大家就会成为彼此的支持者。

3. 坐言起行，实际行动

父母可以主动关怀孩子，你是否想过在某一日做以下事情：

- 一大清早，摸摸孩子的头和脸庞。
- 向他说声“早上好”。
- 为他预备喜爱的早餐。
- 送他上学。
- 回家后给他一个拥抱。
- 关心他今日上学的所见所闻。
- 饭后一同嬉戏，如一起看电视、在街头散步等。

- 睡前讲故事。
- 等到孩子睡着了，你才安然入睡。

如果你能经常这么做，一个温馨的家庭就会围绕在你的身边。

三、真挚的友谊

获得朋友的唯一方法，便是自己先做别人的朋友。

——查尔曼

人而无友，犹如生活中无太阳。

——法国谚语

一所大学向刚入学的新生进行过一项有关快乐的问卷调查，调查结果显示，63% 的新生体验到与人交往是一件快乐的事。其中 3 项是快乐的泉源，按优先次序分别是朋友、家庭和娱乐。[8]这反映出良好的朋友关系有助于学生获得快乐的时光。

心理学家埃德·迪纳和塞利格曼曾对 222 名大学生进行研究，结果显示 10% 最快乐的大学生，他们的共通之处都是拥有亲密的朋友关系，并愿意投入大量时间与朋友相处。[9]

人与人之间的信任关系与快乐是密切相关的，原因有 3 个：一是，快乐的人较容易得到别人的信任，被人视为朋友，相反，悲情的人便没有这么大的吸引力；二是，信任关系能满足人的归属需要，使人感到快乐；三是，亲密的关系为人提供了社会支持。[10]

朋友之情能带给人很多好处。常听人说，“为朋友两肋插刀”“患难见真情”“有难同当”等。是的，真正的朋友会在你患难时给予帮助，因此深厚的友谊确实能为我们增添温暖和安全感。

但是，真挚的友情并非一朝一夕就能培养出来，必须经过成年累月的考验和维系才能产生。大家不妨参考以下方法，为自己的人生增添更多真挚友谊。

(1) 先查看你的朋友名单，看看哪些人是你想与他联系的，进而发展出亲密的友情。

(2) 看看自己平时与这些人的相处情况，问问自己：

- 什么时候与他们联络？
- 在什么地方与他们见面？
- 通常是单独相处，还是一大群朋友？
- 大家的谈话内容是什么？
- 相处时的态度怎样？

(3) 承诺改善与他人相处的模式，如朋友打电话给自己，不要轻易说没空；承诺的约会不要失约；每星期预留时间与朋友相聚；愿意为朋友放弃个人需要等。

(4) 制订如何进一步培养友谊的行动计划，例如，何时开始联络朋友、安排会面地点、主动向朋友分享自己的生活和需要、与朋友分享喜与忧等。

(5) 实践以上计划。

让我们从今天开始，将朋友作为自己人生中的宝贵财产，投入时间努力培养健康愉快的友谊，让自己的人生更丰富和精彩吧！

四、坚守信仰

如果你有信仰，那么信仰也是人生中极为重要的内容。根据北美的研究，一般来说，有宗教信仰的人平均相较没有宗教信仰的人更快乐一点儿，图表如下。[11]

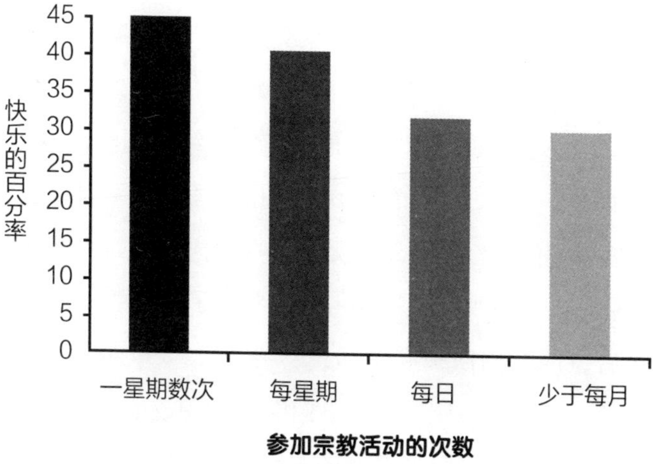

资料来源：Carr A.Positive Psychology：The Science of Happiness and Human Strengths[M]. Hove：Brunner–Routledge，2004：25.

研究结果显示，参加宗教活动越多，人越会感到快乐，所以，宗教信仰与快乐之间有正面的关系。事实上，以往许多研究都显示，有信仰的人可能更健康和长寿，他们较少自杀、离婚及犯罪。不少有信仰的人，其共通之处是感到人生有意义，并对将来充满期望。由此可以看出，若有信仰，你的人生会更充实和快乐，也有助于获得更多亲密和正面的关系。宗教灵性与快乐有极大的关联，我们将在第九章详细讨论。

五、正面关系的秘诀：宽恕之道

有一个故事叫《放下马铃薯》。

一天，班主任上课，老师要求学生在马铃薯上刻上自己最憎恨的一个人的名字，同学们很快就刻好了。一星期后，老师再次要求学生刻上憎恨的人的名字，但这次不止一个，同学们对哪个人有憎恨的感觉，便可以刻上他的名字。结果同学们越想越多，有的刻了 3 个，有的是 5 个、10 个、15 个不等。下课铃响起，老师说，这星期的家庭作业就是无论你身在何处，如外出逛街、做功课、乘车、看电视等，均要带着这些刻了名字的马铃薯。一个星期之后，同学们回来和老师说："老师，太辛苦了。"老师回答道："那你想怎么做呢？"同学们说："我想放下。"

原来学会放下，就是宽恕的关键。我们经常对亲人、朋友、上司等有诸多不满，对他们大发脾气，通过言语冲突或沉默抗议，都在有意无意表达自己的憎恨。但学会宽恕的艺术，首先是要放下这份怨恨的重担。别人不一定改变，但学会放下，可以帮助你解除心魔，释放自己。

越来越多的研究显示，人的心中若充满怨恨和不满，会影响身心健康。心理学家迈克尔·麦卡洛和罗伯特·埃蒙斯称，要减少这类负面情绪，就是培养宽恕的能力，这可以降低由坏事产生的痛苦和怨恨程度。[12] 塞利格曼也提到，宽恕能够帮助人们面对过去的伤痛，释放愤怒情绪，重建正面情绪。[13] 若大家能够培养宽恕的美德，并应用在日常生活中，与他人建立良好的关系，自然会有更多空间去留意身边的幸福，这有助于培养感恩的心。

1. 宽恕的定义

历来许多研究人际关系的学者，对宽恕均有不同的定义。让我们从下面的定义中多一些领会。

- 心理学者恩赖特（Enright）和伊斯汀（Eastin）认为，宽恕的概念源自犹太教及基督教，意思是上帝将人的罪移除、消灭或补偿过错及撤销罪过。宽恕表明耶稣基督甘愿牺牲自己代替世人受罚，这是对世人献上无条件的爱。[14]
- 考夫曼（Kaufman）认为宽恕代表放弃怨恨。[15]
- 平尔顿（Pingleton）认为宽恕代表放弃报复的权利。[16]
- 恩赖特（Enright）认为宽恕表明受伤害者自愿放弃对加害者的怨恨和谴责，并且愿意用怜悯及宽宏大量的心去爱对方。[17]
- 沃辛顿（Worthington）和韦德（Wade）认为不宽恕是一种包含怨恨（resentment）、苦毒（bitterness）、憎恨（hatred）等元素的冷漠情绪（cold emotions）；反之，宽恕他人是受伤害者的内在选择，并且有可能在安全的情况下，寻求与加害者和解（reconciliation）。[18]

从以上定义，我们可以看出宽恕最重要的过程是：受伤害者自愿放下怨恨；更进一步则是寻找机会与加害者和解或转为爱对方。大家可以想象，达到这种境界并非一朝一夕就能做到的，在这个过程中，受伤害者与加害者可能要付出不少泪水、时间和精力。这种精神与生理上的透支，确实不易。所以一些在婚姻道路上曾经有过很多波折，在怨恨、愤怒、埋怨与报复之后，仍能宽恕对方，接纳对方，并愿意与之偕老的夫妻，是非常不容易的。

2. 宽恕五部曲

专门研究宽恕如何应用在婚姻与家庭中的心理学家埃弗雷特·沃辛顿（Everett Worthington），在《宽恕五部曲》（*Five Steps to Forgiveness*）一书中提出了 5 个宽恕别人的步骤，称之为 REACH 宽恕五部曲。[19]

步骤一： R（Reach），客观地回忆伤痛。

受伤害者与加害者客观地诉说伤痛的事件，尽量避免主观地对加害者做出不合理的抱怨。交谈内容包括伤痛事件的因由、彼此的关系、曾伤害对方的话语和行为等。

步骤二： E（Empathize），以同理心从加害者角度去理解其行为。

受伤害者尝试易地而处，设想加害者为何会做出伤害自己的行为和背后可能的原因。

步骤三： A（Altruistic gift of forgiveness），尝试回忆被宽恕的经历。

受伤害者回忆往事，尝试回想自己也曾伤害别人并获得对方原谅的经历，尝试感受被原谅的感觉和反应。

步骤四：C（Commit），容许自己原谅对方。

受伤害者做出内在的选择，容许自己原谅对方，并且愿意付诸行动，如把原谅对方的心意化为语言或文字，发邮件或写信给对方、在日记记下、向朋友倾诉等。宽恕过程中，重要的是受伤害者的行动是自愿的。当然，原谅对方并不等同于纵容对方继续犯错。假如对方不肯承认自己的过错，受伤害的一方自然也较难做到宽恕。但选择权仍在自己手中，即使不能完全原谅对方，也可以学习放下怨恨，这是为了自己能够获得平静的生活。

步骤五：H（Hold onto forgiveness），坚持宽恕。

受伤害者向自己承诺宽恕加害者，并愿意坚守，不再停留在以往那种愤怒、受伤和报复的心理状态，释放自己，展开新的生活。

《圣经》教导世人“不可含怒到日落”（《以弗所书》4：26），这句话实在很有意思。若我们能够消除不必要的怒气和怨恨，世界将会变得更美好。所以作家何权峰也有类似的话：“当你掌控别人时，你同时也被掌控；如果你绑住别人，别人也会绑住你。”[20]

因此，与其含恨终生，倒不如及早放下，让自己获得解脱。

六、正面关系的秘诀：助人为乐

一天，下班之后坐公共汽车回家，在车厢里看到有个孩子正在犹豫要不要把座位让给旁边的婆婆。说时迟那时快，婆婆已经坐在了座位上。孩子的妈妈用凌厉的眼神盯着不知所措的孩子，然后对孩子严厉地说："你这孩子怎么这么傻，你不坐就让我坐嘛，你的书包这么重！"难道我们已经失去了守望相助、日行一善的美德？其实，"助人为快乐之本"不只是一句口号，而是有科学根据的结论。若你想活得快乐些，必须学习如何关心和帮助身边有需要的人。

1. 何谓助人?

1964年，一名住在美国的29岁女士基蒂·吉诺维斯（Kitty Genovese）在家附近的公园被人刺死。最令人震惊的是，没有一位邻居伸出援手，甚至报警的也没有。后来社会心理学家对这个案件进行研究，发现人在危急情况下，大家都认为在场的人士会提供协助，因而不施以援手（bystander effect），引申出来一个观点是，他们可能都不知道自己对该事件负有责任（diffusion of responsibility）。随后便引起一连串的心理学研究，包括助人的动机。

助人是利他的行为（altruistic behavior），一种顾及他人需要而不求自己利益的表现。如在街上看到别人掉下东西，大多数人会毫不犹豫地伸出手，而不会先考虑这样做对自己有何益处。

学者巴特森（Batson）进行了一连串实验研究，发现个人对他人产生的"共情"（empathy）与利他行为（altruism）有直接关系，因此创造出"共情–利他主义假说"（The Empathy – altruism Hypothesis），如下所示。[21]

察觉别人的需要→对需要产生共情→做出利他的行为→减少别人的痛苦

举例来说，你在街上看到有人晕倒在地，心里随即会产生共情，急忙上前扶起和慰问，甚至报警救助，让这个人能及早得到适当的救助。这说明共情越强，越容易做出利他行为。这套西方理论其实与中国的儒家思想不谋而合，与孟子在《公孙丑》上篇描述的人性中的恻隐之心非常相似。“所以谓人皆有不忍人之心者，今人乍见孺子将入于井，皆有怵惕恻隐之心。非所以内交于孺子之父母也，非所以要誉于乡党朋友也，非恶其声而然也。由是观之，无恻隐之心，非人也。”[22] 当你看到小孩掉进井内，你不会因不认识他或想到救助他可以利己而救人，可见助人利他的行为背后，往往是出自共情或恻隐之心，而非为了得到回报或个人利益。

2. 助人的意义

近年某电视台有个特辑，访问艺人余慕莲。余慕莲收入不高，却愿意捐出三分之一约 8 万多元的长期服务金，于 2005 年在贵州偏远山区兴建学校，为贫困地区的孩子带来读书机会。访问过程中，电视台拍摄了余女士第一次进入这所学校的场面，学生们在校园门口列队，以掌声和挥手欢迎她，场面震撼。这份尊贵的身份相信并非余女士当初捐献时可以预计到，最可贵的正是这种不问回报的助人精神和心态。

助人的意义就是如此，当你付出一些，可能会让别人重燃生命。学生们因为别人善心一发，他们的生活从此改变了，还可能因为有书读，从此改写人生。所以“勿以善小而不为”，要多为别人的需要伸出援手。

3. 勿以善小而不为

不妨每日留意自己为别人所做的事情，即使是小事情也是助人的行为，例如：

- 为陌生人推门。
- 向管理员打招呼。
- 为邻居按电梯按钮。
- 为朋友制作小礼物。
- 小小的金钱捐助。
- 定期献血。
- 给有需要的人让座。
- 帮助陌生人拍照。
- 在义卖活动中购买。

其实助人的机会多不胜数，日常生活中就有许多机会让我们可以关心他人，体验“助人为快乐之本”。只要你愿意出一分力，别人快乐，自己也快乐，人际关系也就变得和谐愉快了。

心灵故事

助人由小开始

1995 年 4 月 19 日，一则报章头条“对抗童工，12 岁男孩遇害”吸引了克雷格·柯伯格（Craig Kielburger）的注意。克雷格阅读了报纸上一名巴基斯坦童工的悲惨故事后，满脑子疑惑，不明白为何他的父母竟会把小小年纪的孩子卖去当奴隶。当克雷格找到更多有关童工的报道后，他对容许剥削儿童的世界感到困惑及愤怒。虽然当时克雷格只有12岁，完全不知道怎样为被逼当童工的孩子提供帮助，但他抓住这次机会，在班上发表演说，与同学们分享那段报道及有关其他童工的悲惨遭遇。克雷格希望通过分享，邀请同学一起当义工，为儿童权益奋斗。克雷格和11位同学就这样创立了“解放儿童组织”（Free The Children），成为第一个号称“儿童帮助儿童”的儿童人权组织。

同年，克雷格和一位25岁的朋友阿拉姆·拉赫曼（Alam Rahman）决定到亚洲走一趟，了解及探视那些在不人道环境下工作的儿童及他们的工作环境。克雷格在印度探视童工处境时，得悉加拿大总理与其他领袖访印，于是他不断地写信求见加拿大总理，但他收到的答复总是说总理太忙了。最后，他和朋友决定召开记者会，希望以此引起加拿大总理的注意。克雷格因为记者会获得了加拿大总理接见，也因为这次会谈，世界各国开始关注儿童的权益及“解放儿童组织”。

克雷格至今已走访50多个国家，“解放儿童组织”也已在全球45个国家从事教育及发展计划，并建造了500多所学校，参与活动的青少年超过100万人。这一切都是由一个少年人的同情心和正义感开始的。

资料来源：魁格·柯博格，马克·柯博格，著．我到我们的世代：新一代的快乐人生哲学[M]．吴怡静，林雨蒨，黄敦晴，译．台北：天下杂志出版社，2008.

没有正面愉快的人际关系，也不会有充实快乐的人生，这是最明显不过的道理。不论是亲情、爱情、友情，我们都应重视和珍惜，尽力打造亲密和谐的关系，这在中国人重视关系的文化中显得更重要。有些学者甚至认为中国人的自我观念是与人际关系息息相关的，别人怎样看我们和面子问题都是非常重要的心理考虑，我们的满足和快乐很大程度上是从亲密关系中获取的。因此，想要得到幸福人生，就不能不在正面关系的打造上下功夫，希望这一章的内容能对大家有所启发。

快乐工坊

试用“宽恕五部曲”

写下一位得罪过你的人的名字。

然后，应用“宽恕五部曲”，原谅得罪过你的人。

步骤一：R（Reach），客观回忆这位得罪过你的人所做的伤害你的事。

____

____

____

步骤二：E（Empathize），以同理心从对方的角度理解其行为。

____

____

步骤三：A（Altruistic gift of forgiveness），尝试回忆自己以往曾被人宽恕的经历。

____

____

____

步骤四：C（Commit），容许自己原谅得罪过你的人。

____

____

____

步骤五：H（Hold onto forgiveness），坚持宽恕。

____

____

____

勿以善小而不为

以下是一些助人行为的建议，请每日进行一次，并做好记录，一星期后看看自己的快乐指数有没有提升。

现在你的快乐指数是 ______ 分。

最不快乐 最快乐

0 10

这个星期每天进行以下至少一项助人行为：

○ 为陌生人推门。

○ 向管理员打招呼。

○ 为邻居按电梯按钮。

○ 为朋友制作小礼物。

○ 小的金钱捐助。

○ 定期献血。

○ 为人让座。

○ 帮陌生人拍照。

○ 在义卖活动中购物。

○ 其他：______________________________

一星期后，你的快乐指数 ______ 分。

最不快乐 最快乐

0 10

参考文献

[1] Carr A.Positive Psychology：The Science of Happiness and Human Strengths[M].Hove：Brunner-Routledge，2004.

[2] 政府统计处人口统计组 . 香港人口趋势 1981—2006. 香港：政府统计处，2008：65.

[3] Harley W F.His Needs, Her Needs：Building an Affair-proof Marriage[M]. Crowborough：Monarch，1994.

[4] 艾伦 · 卡尔 . 积极心理学：关于人类幸福和力量的科学 [M]. 郑雪，等，译 . 北京：中国轻工业出版社，2008.

[5] [唐] 李隆基，刑昺疏 . 孝经注疏 [M]. 钱逊，审订 . 邓洪波，整理 . 北京：北京大学出版社，2008.

[6] Pollay D J. 你是爱的循环者，还是计数者 [N]. 赵昱鲲，译 .New York：Positive Psychology News Daily，2009-2-2.

[7] Argyle M.The Psychology of Happiness：2nd ed[M].London：Routledge，2001.

[8] 香港中文大学学生辅导及发展组 . 港中大新鲜人快乐情报 [N].2007.

[9] Diener E，Seligman M.Very happy people[J]. Psychological Science，2002，13：81-84.

[10] Carr A.Positive Psychology：The Science of Happiness and Human Strengths[M].Hove：Brunner-Routledge，2004.

[11] Myers D.The funds，friends and faith of happy people[J].American Psychologist，2000，55：56-67.

[12] Emmons R A，McCullough M E.Counting blessings versus burdens：An experimental investigation of gratitude and subjective well-being in daily life[J]. Journal of Personality and Social Psychology，2003，84：377-389.

[13] Seligman M E P.Authentic Happiness[M]. New York：Free Press，2002.

[14] Enright R D，Eastin D L.Interpersonal forgiveness within the helping professions[J].Counseling & Values，1992，36：84-103.

[15] Kaufman M E.The courage to forgive[J]. Israeli Journal of Psychiatry and

Related Sciences，1984，21：177–187.

[16] Pingleton J P.The role and function of forgiveness in the psychotherapeutic process[J].Journal of Psychology and Theology，1989，17：27–35.

[17] Enright R D，the Human Development Study Group.The moral development of forgiveness[M]//In Kurtines W，Gewirtz J（Eds.）.Moral Behavior and Development.Hillsdale，NJ：Erlbaum，1991，Vol.1：123–152.

[18] Worthington E L，Wade N G.The psychology of unforgiveness and forgiveness and implications for clinical practice[J]. Journal of Social and Clinical Psychology，1999，18：385–418.

[19] Worthington E L.Five Steps to Forgiveness：The Art and Science of Forgiving[M]. New York：Crown Publishers，2001.

[20] 何权峰 . 爱，不是你以为的那样 [M]. 台北：高宝国际有限公司，2007.

[21] Batson C D，Chang J，Orr R，Rowland J.Empathy，attitudes，and action：Can feeling for a member of a stigmatized group motivate one to help the group？ [J]Personality and Social Psychology Bulletin，2002，28：1656–1666.

[22] 杨伯峻 . 孟子译注 [M]. 香港：中华书局，1984.

第九章　快乐心灵：人生意义和灵性生活

现实整体上是庄严如圣礼的。任何树、人或事件都可以让每个活物看到神圣的权能……我们也许从各种经历中找到使我们完整的东西、支持过有尊严和意义的生活的东西。

——丢尼修神学宣言　山姆·金恩（Sam Keen）

凡我认识活得快乐的人，都在干自己认为重要的事，并且表现出色。

——美国心理学家亚伯拉罕·马斯洛（Abraham Maslow）

一、追寻意义之旅

我们自小就不断从经验中学习什么是有价值的事，生活也尽量围绕这些事展开。在儿童阶段，我们较单纯，通常由父母或成人告诉我们何为重要的事。到了青少年阶段，许多人都会经历所谓的“身份危机”(identity crisis)，对以下问题感到迷惘：我是谁？人生有何意义？我应该做什么？不少青少年会竭力寻找这些问题的答案，也希望能够得到别人的认同。度过这个阶段后，大部分人多多少少都会在心里有些看法或信念，支持自己继续在人生路上前进。这时大部分人都会把精力投放在学业、事业和建立家庭等人生大事上，努力为自己的理想和目标奋斗，生活似乎有了方向，人生意义的问题看来暂时解决了。

可是，人生不会一帆风顺，年轻时追求的许多理想和目标未必都能够实现，未必可以从事理想的职业，婚姻不一定幸福愉快，甚至子女也不是如己所望，结果大家可能会再度感到迷惘和失落，不知道活着到底为了什么。这种称为“中年危机”的状况，可以说是青少年时期“身份危机”的延续。

《人生下半场》(*Half Time*)一书的作者鲍伯·班福德(Bob Buford)用了一个有趣的比喻来形容人生：一场球赛。[1]班福德认为人生上半场大多数人都追求成就，如学业、事业或家庭上的“成绩表”，很多时候我们的打拼是为了赢得别人(可能是父母、老师、上司或其他人)的认同。中年是人生上半场完结后的中场休息，这时候应该检讨上半场的表现，计划下半场应该采取的策略了。这时应由“追求成就”转为“追求意义”。一般而言，中年危机过后寻找到的人生意义和方向，很少与物质或金钱有关，反而更多的是亲情、友情、助人、发挥潜能、灵性生活等范畴。

晚年，大多数人的生活由喧嚣归于平淡，退休后空闲时间多了，自然会回忆往事，回顾自己走过的前半生。根据著名心理学家埃里克森（Erikson）的“人生八阶段”发展理论，[2]在人生的最后阶段，最重要的关卡是“整合”（integration）还是“失落”（despair），由此决定此时的精神面貌。如果大家对自己一生经历的事大致满意，也觉得蛮有意义的话，那么就会有“整合”的感受，为人生划上愉快完满的句号；如果回顾一生觉得白过了、没有意义，甚至充满遗憾的话，那么就容易陷入“失落”之中。

许多人都认同意义是人生中很重要的一点，失去意义可以说是人生最大的痛苦，此时生活会变得愈加空洞，内心感到空虚，心灵感到痛苦，也使许多人觉得抑郁和绝望，可见意义在人生中占据的位置有多重要。意义的追寻是人生不同阶段都会进行的重要活动，是人生精神层面不可或缺的内容。

毋庸置疑，人要活得快乐，就需要活得有意义，有价值，否则，再多的享乐或安逸，我们还是会感到苦闷和空虚。塞利格曼提出快乐有 3 种途径，就是：**活得愉快**（a pleasant life）、**活得充实**（an engaged life）和**活得有意义**（a meaningful life）。只依靠第一种途径，绝非真正快乐的最佳保证，第三种途径“活得有意义”，才是最有价值和最深层次的快乐。[3]

二、意义为何

为何人活得有意义才会快乐呢？原来人的行为基本上有两个服务目的：一个是避开身体和心灵的痛苦，另一个是追求满足和快乐，这是我们大部分活动的目的。怎样才能得到满足呢？首先必须知道自己的需求在哪里，满足这些需求就能带来快乐。这些需求有不同的层次，有些是身体和生理上的，如温暖、温饱等；有些是心理和社交上的，如安全感、亲密感、成就感等；有些是道德灵性上的，如意义和价值的追寻和实践。许多人认为，道德灵性的需求是人生中最重要最高层次的需求，因为我们需要肯定自己的生命价值。

另外，心理学家鲍迈斯特（Baumeister）认为，人需要生活得有意义，主要有以下 4 个方面的原因。[4]

（1）**人的生活要有目的**。学者克林格（Klinger）指出，人的头脑是为有目的的活动而设的，无目的的生活会令它衰退。[5] 有目的的活动可以聚焦我们的生活，集中精力在有建设性的事情上。

（2）**我们要建立价值观来指导自己的生活取向和行动**。意义可以告诉我们哪些是重要和有价值的事，哪些是值得追求和坚守的。

（3）**人要有自尊感**。相信自己的价值和重要性，这是心理健康的重要基石。肯定自己生存的意义是自尊感的根基，觉得生活没有意义的人，很难肯定自己的重要性和价值。

（4）**人要有健康的效能感**。相信自己有能力达到合理的目标，可以令自己的生活变得更好。

谈到意义，这与我们的价值感和道德感是无法分割的，活得有意义就是做有价值的事情，将事情和经验按其价值和重要性分等级是人的本性，缺乏清晰价值取向的人很容易陷入混乱之中，或被他人摆布和控制。请大家自问，什么是对自己最重要的？你现在是否在这些事情上花费最多的时间和精力？如果你的答案是肯定的，那么恭喜你，你的生活起码是过得有目标的。假如你的答案是否定的，那么应该好好反省，现在的生活是否并非你自愿过的生活，而是别人想让你过的生活？

另一个重要的意义指标是道德感。道德是我们的是非对错观念，每个人都希望做自己认为对的事，本着良知生活。若明知故犯，就会受到良心谴责，内疚感油然而生，以至于失去快乐。当然，我们很多时候未必能够完全按照是非良知行事，正如保罗在《圣经》中的自白：“因为我所做的，我自己不明白；我所愿意的，我并不做；我所憎恶的，我倒去做……因为立志为善由得我，只是做出来由不得我。”（《罗马书》7:15，18下）这大概就是人性矛盾的一面吧！然而，成熟有智慧的人善于处理这种矛盾，按照自己的道德取向生活，也比较能够活得有意义和价值。

快乐指数

你的生命过得有意义吗？

你是否同意以下看法？

	是	否
• 我正在寻找生命的意义。	□	□
• 我了解自己做什么才会过得充实。	□	□
• 当我回想过去及展望未来时，我感到比较满意。	□	□
• 我知道生命的方向及目的。	□	□
• 我认为人应该活得有意义和价值。	□	□
• 我为自己定下目标。	□	□
• 我喜欢为我的理想而努力。	□	□
• 有人觉得生活只在乎玩乐享受，我认为生活中应有更有价值的东西值得追寻。	□	□
• 我正在为我的目标而努力。	□	□

你的答案中“是”越多，“否”越少的话，表示你越肯定自己的人生意义和价值。

资料来源：Meaning in Life Questionnaire[EB/OL].[2009-1-14].www.authentichappiness.com.

三、人生的五大问题

对许多人来说，人生终极的问题，就是人生到底是否有意义？如果没有，难道我们一生的努力和奋斗就是为了生存，并未赋予特殊意义吗？根据“意义治疗”创始人维克多·弗兰克（Viktor Frankl）的见解，这种“存在的虚无”（existential vacuum）是造成抑郁、绝望、放纵等问题的真正元凶。人活着却没有意义，的确是一件非常可怕且可悲的事。

意义治疗法认为意义的问题存在着3个基本假设。[6]

（1）人有选择人生意义的自由和责任（freedom of will）。

（2）寻找意义是人基本的动力和渴求（will to meaning）。这可以说是生命对我们的呼唤和要求。为了达到这种意义的追求，我们必须超越自我，不只是为了自我满足。

（3）人生是有意义的（life of meaning）。海伦·凯勒曾说：“许多人误解了快乐的真义，真正的快乐并不能通过自我满足达到，而是要通过对一个有价值的目标的认同与追求。”

所以，快乐的人不会只顾个人利益和福祉，而是会认真努力去过一个负责而有意义的人生，投身于真正有价值的行动，响应人生的召唤，这样才能获得真正的快乐与满足。

维克多·弗兰克认为，人生有3种不同层次的意义。

（1）终极意义（ultimate meaning）。

这是超越时空绝对的意义，不是容易寻得见的，许多宗教或哲学思想都尝试提供不同的终极答案。

（2）生命的意义（meaning of life）。

每个人都要为自己的人生定下生命的意义和方向。

（3）此刻的意义（meaning of the moment）。

每一刻都有它独特的意义，我们必须选择如何回应与实践此刻的意义。

“意义中心疗法”（Meaning-centered Therapy）创立人黄载宝博士（Dr.Paul Wong）继承了“意义治疗”的方法，他认为寻找人生意义是每个人都不能逃避的，在这个过程中，我们要问自己 5 个问题。[7]

（1）我是谁？

（2）我为何而生存？

（3）我的人生方向是什么？

（4）痛苦与死亡有何意义？

（5）我如何才能找到快乐与意义？

黄博士称这 5 个问题是人生的 BIG FIVE，每个人不论自觉或不自觉，都在心里和生活上不断探索这些问题的答案，每个人的答案都不同。找不到答案或认为没有答案的人，可能会陷入空虚之中，活得不那么快乐，因为他们缺少一个意义系统去承载人生的种种经历，也缺乏面对痛苦或失意时的勇气。

顺带补充：追求意义是每个人内心深处的渴求，但这种渴求也需要在某些基本条件下才会呈现出来。譬如，在温饱或安全得不到满足的情况下，人自然不容易思考人生意义的问题，因为“谋生”已经占据了他大部分的心思和精力。然而，另一方面，假如人不明白自己生存的目的，或在自己不愿意的活动上花费了大量时间，内心难免会浮现一个基本问题：到底这一切是为了什么？事实上，很多人的生存只是为了逃避痛苦，而非追求美善或理想，他们内心这方面的疑问一定很大。

1. 自我价值问题

在意义中心疗法的五大人生问题中，排在首要位置的是“我是谁?”，自我身份和价值的确与人生是否活得快乐有极大的关系。人最基本的心理需要就是自我价值感（sense of self-worth），自我价值感低的人很容易陷入自卑、抑郁、内疚、羞愧等负面情绪之中。自我价值感高的人则通常比较快乐，也比较容易觉得人生充满意义。

怎样找到自我价值呢？这是一个极为重要的问题。假如我们用错误的方法寻找，很可能会对自己的心理健康和情绪产生负面影响。以下这些自我价值基础都不是十分理想，可能会造成心理压力与不快乐。

（1）我的价值在于我拥有多少（财富）。

不少人以为越成功越富有，拥有的越多，自我价值就越高，人生自然也越快乐。正如之前提过的快乐与财富研究，越有钱不一定越快乐，过分重视物质与财富反而会带来不安和苦恼。自我价值也不应依赖这些外在的东西，假如你的自尊建立在银行存款数字上，或者你身上穿着多少名牌，这个价值的根基很脆弱。即使别人对你很尊敬，可能也只是表面现象。假如有一天你的财富蒸发了（如遇上金融危机），别人对你的尊敬也会随之蒸发，因此金钱绝不能代表你真正的价值。

（2）我的价值在于别人对我的评价（名声）。

对许多人来说，自我价值等同于别人对自己的评价。如果身边人（甚至包括竞争对手）都对你抱有很高的评价和肯定，自然觉得拥有自我价值。我们也很注重面子，给人面子或保存面子都是非常重要的。社会心理学指出，我们如何看待自己，很大程度上受别人对我们的评价影响。然而，若以此作为自我价值的基础，弊端是我们会对别人的评价或态度过分敏感，以至于缺乏安全感，情绪易受外因牵动，这绝非理想的自我价值基础。

(3)我的价值在于我所能做到的事(成就)。

很多时候我们都会以自己所做的事或个人成就来建立自信和价值，男性尤其喜欢炫耀自己在事业上的成功，觉得这是他们最自豪的地方，也喜欢与别人比较，看看谁的成就或“成绩表”更漂亮、更耀眼。不只如此，我们经常会用一个人的才能和本事来衡量他的价值，读书成绩优异的学生更受人喜爱，工作表现出色或不断升职加薪的人经常被人羡慕，这是现实社会的普遍标准。

当然，追求卓越和显著成就是一件美事，并无不妥，但我们要提防将一个人的成就等同他的价值，落入功利主义的陷阱。许多人一生可能没有什么特别的成就或卓越的事业表现，行事为人都非常低调，但他们非常值得爱戴和尊敬，他们的自我价值可能来自良好的品格和美德，包括谦虚，所以单纯以成败论英雄绝非正确的价值取向。

你如何看待自我价值呢？你的自我价值多大程度建立在你的财富、名望与成就上呢？还是你的自我价值在于你的内在素质，如人生信念、价值观、个性、气质、美德？假如你有宗教信仰，你可能会认同个人价值在于你与信仰的关系，以及信仰对你的影响。

小资料

意义与快乐的互动

追求人生意义使人感到愉快和满足，但愉快的心情是否能让人感到人生更有意义呢？答案是肯定的。无数研究指出，不论引起愉快感觉的原因是什么，愉快的心情的确可以使人更具创意、更友善、更有效率、更可爱、更主动、更健康、更乐于助人和更具抗逆能力。心理学一连串研究指出，愉快的心情的确可让人觉得自己的人生更有意义。例如，某一天受试者体验到较多正面情绪，他们会评定那是有意义的一天，可见意义和快乐是互为影响，关系非常密切的。这表明愉快情绪有助于我们实现有价值的目标（以上所提的都可算有价值的吧），找到人生的意义。[8]

2. 提防虚假的意义

不同时代、文化、背景、性格的人，可能对人生的意义有不同的诠释和见解。意义的追寻绝对是很个人化的过程，没有人可以替代你。然而，人类几千年的集体智慧告诉我们，以下事情不可能成为人生真正的意义，近代心理学也大致赞同。

（1）以自我为中心。

以自我为中心、只顾自己的心态，绝对不是人生终极意义的理想“候选答案”。无数研究指出，最快乐的人都有一个共通点，就是他们都拥有良好的人际关系。从来没有一个自私自利、只顾自己的人是真正快乐的，即使在个人主义盛行的现代西方社会也是如此。

毋庸置疑，能与人产生感情的交流，甚至心灵相通，与别人一起分享与分担，的确是人生非常愉快和满足的经验之一。追求一些超越自我中心的理想和目标，如改善小区环境、义工服务、灵性提升，也是实现快乐人生的途径。这些经历都有一个共通点，就是超越了自我中心的取向和自私的心态。

自我中心和自私是亲密良好关系的最大敌人。要放下自我，体会别人的内心世界和主观经验，彼此建立扶持的关系，是人生美好和有意义的时刻，自私的人不会体会和明白这一点。若你的人生目标中没有一项是于人有益、为人付出的，那你的人生意义大概仍停留在肤浅的阶段。

（2）金钱与物质条件。

富裕的物质生活的确是许多人梦寐以求的目标，很多人以为拥有财富和物质的享受就能得到幸福快乐。哈佛大学教授泰勒·本·沙哈尔（Tal Ben-Shahar）在《更快乐》（*Happier*）一书中称，有些人误认为金钱是人生的“终极货币”，当你缺乏这些物质条件时，会感到它们很宝贵；但当你拥有时，又会发现原来它们无法满足你的内心，你仍会感到莫名的空虚，无聊苦闷。

（3）感官享乐。

人的本性是追求舒适与享乐，逃避不适和痛苦的，现代科技很大程度上是为了实现这个目的而存在的。我们每天都在享受科技成果带来的舒适，如空调设备、汽车及其他交通工具、电视，等等。然而，如果让你回忆过去经历过的最有价值和意义的事情，你会想到这些享乐的经历吗？大概不会！舒适享乐是人生的乐事，但它不过是“人生大餐”中的一道甜品，并非主菜，也绝非我们的“终极幸福”，你一定不会希望自己的人生如此肤浅和缺乏意义吧？

心灵故事

荣华富贵背后的虚空

《圣经》中有一位耳熟能详的人物——所罗门王，他的大半生都在追求人生的各种享乐。他家财万贯，雇用了很多人为他唱歌，有各种人才为他建造各式各样的园林景观、宫廷殿宇，家中牛羊婢仆无数，数不清的天姿国色在寝宫侍候。他无时无刻不在享乐，生活极尽奢华。但这些只能带给他短暂的快乐与喜笑，他的大半生都品尝不到真正的快乐。在他所写的《传道书》中，从来没有提及“快乐”这两个字，反而常常提及“虚空”。《传道书》是《圣经》中出现“虚空”两个字最多的书卷。“虚空”指虚无徒然，既无实质也不能得到满足。《传道书》大半内容都偏向消极，竟出自这位大半生过着享乐日子，但仍然感到“毫无快乐”的君王，可见快乐之道并不在于“享乐”。

这位传道者在书卷结束时说的话至为重要，他的诤言就是“在毫无快乐的那些年日未曾临近之先，当纪念造你的主”（12：1下）。似乎灵性的追求和自我超越才是所罗门王心中的快乐之道。

3. 人生真义“候选项”

要活得真正开心，就得过有目标和有意义的生活。能够找到并体验人生真义的人，才是真正幸福和快乐的。虽然不同的人可能有不同的信念和体验，但总的来说，我们相信以下人生真义“候选项”都具有一定的入选资格，值得大家参考和细细品味。

(1) 发挥潜能，活出真我。

许多人都因对自我缺乏信心，错失了发展机会，平庸地过了一生。他们心中隐隐觉得生活中欠缺了什么，但又没有勇气去探索和发展自我。因此，能够活得自由，能够发挥个人潜能和所长，才能使大家肯定自己的价值，甚至存在的意义。

“天生我才必有用”，能够发挥潜能的人可以是从事不同行业的人，包括艺术家、企业家、专业人士，等等，这些人在自己的事业上发挥所长，精益求精。也有些人在业余的兴趣方面发展自我，虽然是业余身份，但一样可以达到乐而忘我的境界。

大家可以反思一下：自己目前从事的事业是否能让个人一展所长？怎样才能发挥自己的专长或兴趣？自己应该在这些活动上投入多少时间？

(2) 表达关怀，造福他人。

人不能孤立地存在，与别人建立关系是人生极为重要的事。若能对他人流露真诚的爱心和关怀，善意待人，处处为他人着想，甚至帮助他人活得快乐幸福，或者减少他人的苦痛，也是人生真义的合理“候选项”。

像德兰修女（参见第六章），就是其中的佼佼者。她为爱而牺牲自我的精神，反映了以造福别人、以他人福祉为先的信念，这种高尚情操当然是人生意义的重要组成部分。

我们虽然没有德兰修女那样伟大，但也可以为别人或这个社会做些什么。**即使一点点的关怀与仁慈，也可以成为别人匮乏时的一杯甘露**，你是否会吝啬呢？

（3）追求智慧、认识真理。

有人说：智慧是人生最大的宝藏，能活得成熟有智慧，才算真正活过！聪明可以是天生的，智慧却要从人生经验和反省中积累。有些人拥有许多人生经验，但不一定有智慧，要经过不断反思和探索真理才能获得智慧。不愿意面对人生真相的人，也不可能拥有智慧。有勇气面对真我与真相不是一件容易的事，需要执着于真理才能够实现。正如孔子所说，“朝闻道，夕死可矣”，这才是这种认真寻道的精神表白。

你对自己的智慧有什么评价呢？你的人生经验提升了你的成熟和智慧吗？你渴望活得有智慧吗？你认为怎样才算是智慧的人生呢？不妨好好思考一下。

（4）发展灵性，超越自我。

灵性是许多人视为人性或人生中最宝贵和最高层次的经验，也是人生意义的最终归宿，是超越自我的法门。由于这个课题涵盖层面较广，我们将在下文深入探讨。

四、追寻宗教灵性

谈到寻找快乐的途径，不得不思考灵性与宗教信仰的范畴。很多证据和个人经历说明，灵性与宗教信仰对提升生活满足感非常重要。就算大家没有任何宗教信仰，也请耐心细读，这些内容可能会改变你对宗教的看法。

宗教与灵性这两个概念，很多时候都很难分辨清楚。简单地说，灵性（spirituality）是“对神圣的追求”，[9] 追求一些比自我更重要和伟大的人生意义。灵性是一种自我的超越，也可说是自我的完成。“spirituality”来自拉丁文“spiritus”，意思是生命的气息（the breath of life）。英国牛津字典指出，灵性有两个基本概念：与生命中最重要的原则或素质结合；非普通物质世界的东西，通常被认为是神圣、超越和不凡的。灵性包含个人整体的经验，包括信念、态度、取向、意识、主观经验和行为等。另一方面，宗教则指有系统和组织地对神明的信仰和敬拜，其中包含公开的认信和教义、敬拜的群体和仪式等。

虽然信仰是很个人化的事情，心理学也非研究信仰的学问，但心理学研究过信仰与心理健康的关系。近年来，越来越多的心理研究显示，拥有信仰的人平均较没有信仰者更快乐、更健康、更能应付逆境或困难。例如，有证据显示，假如你要进行心脏手术而又能从信仰中得到力量和安慰的话，6 个月后，你仍然生存的机会比没有信仰的病人高出 3 倍！[10] 当然，其中的原因仍有待调查，但有一点很明显：有信仰的人拥有较多健康有益的行为和习惯，例如较少酗酒、吸毒、滥交或吸烟等。

主观快乐方面，有研究显示，每星期参加几次宗教活动的人中，47% 认为自己“非常快乐”，每月参加少于一次宗教活动的人，只有 28% 认为自己“非常快乐”。这一现象的原因，可能有不同的解释，例如宗教活动可以提供强大的社交网络和支持，但似乎这一点并不能完全解释为何前者大约是后者的两倍。有不少学者，如柳博米尔斯基和帕尔加门特（Pargament）指出，信仰一位神明可以为人带来极大的安慰和心灵力量，特别是在危难或逆境时，相信神明的带领和保护，可以提供心灵上极大的安全感。另一方面，信仰可以提供一套完整的意义系统，为人们诠释人生的目的、方向和终极意义等重要问题，也可为遇到的苦难找到正面的解释和意义，相信发生的一切都并非偶然，其中有上帝的安排与旨意，这的确是面对苦难时极强大的心灵力量。

有趣的是，一个研究显示，相信上帝掌管一切的癌症病人，比相信生命由自己掌控的病人适应得更好。当然，他们并非消极地等待，而是主动积极地通过祷告和信心来发挥灵性的威力。[11]

小资料

父母对婴孩突然死亡的适应能力

一项研究发现，婴孩突然死亡的父母，若经常参加宗教活动，非常重视宗教，在婴孩死亡三个星期以至半年后，他们都比非宗教信徒的父母少有抑郁，能较好地适应现实。[12]

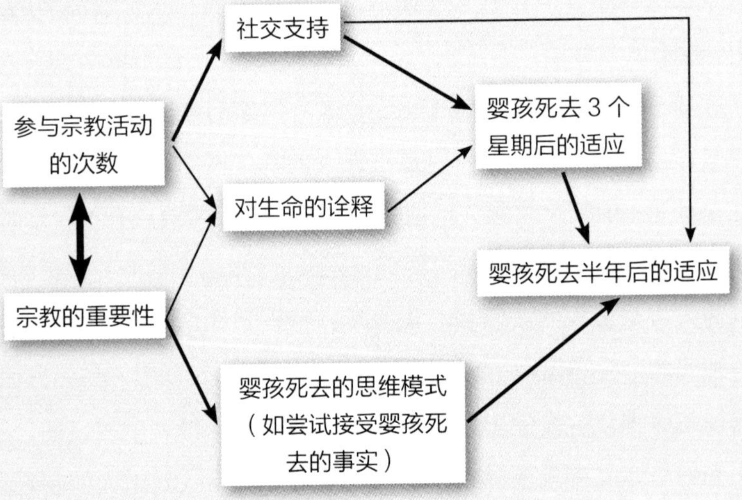

注：箭头越粗，代表影响越大。

综合以上讨论，似乎有宗教信仰的人身心更为健康，可能在宗教信仰中，他们经历了大量的快乐、希望、爱、自尊、宽恕、欣赏、感恩等正面体验，更容易感受到人生是有意义和方向的，也有宗教团体作为强大的支持网络，这都可能是他们活得更开心和健康的原因。假如你有宗教信仰的话，灵修、默想、祈祷等灵性活动，一定是心灵快乐、满足非常重要和有效的途径。

1. 心灵乃快乐之源

如果没有宗教信仰，并不代表你不能追求灵性方面的好处。研究指出，重视灵性生活的人比较快乐，精神健康较佳，能承受压力，婚姻美满，较少滥药和酗酒，身体健康状况较好，寿命也较长。[13] 寻求灵性对你来说到底指什么？可以指人生对真、善、美的追求和体验，可以有无数领悟和体验灵性的方法和机会，譬如感应大自然的奇妙伟大，从中体会领悟灵性的境界；也可以在人与人之间的温情和互助中明白真爱，或在孩子身上看到生命的纯真可爱。

灵性觉悟力高的人,可以在日常生活中体验到超凡和神圣——相信比自己伟大的存在，体验到生命的奥妙，追寻自我的完整。这些经验可以练习和体会，例如通过静修、默观、祈祷、冥想、接触大自然、处于人群中等。重要的是，你是否有培养自己这方面的意愿。

持久的快乐不能依靠外在多变的环境，在于你的内心，即心灵的状况。若想提升灵性素质，请多留心自己心灵的健康情况。在日常喧嚣的生活中，我们很容易忽略自己内心的感受，遇到不愉快或负面的情绪时，经常会逃避压抑，不想让负面情绪给自己带来麻烦。久而久之，我们对自己的心灵状况就会变得生疏，对产生恬静愉快感觉的途径也感到陌生。

要重拾心灵的丰富和美丽，我们就要多用心去接触自己的内心，不要逃避和害怕，细心体会心灵本身的力量和资源。可以回顾过去的努力、坚持和成就，体验此时此刻内在恬静舒畅的感受，也可以展望将来会成就或经历的事情。无论用哪种方式，只要对你来说是合适的，都能用来增强自己的心灵力量。

2. 静修与默观的妙处

不同的宗教和灵性追求，都不约而同地重视静修与默观等内在体验，认为这是通往灵性更高境界的必备条件。不论是佛家的冥想、禅宗的内悟、天主教和基督教的静修与默观，皆相信静默是发展灵性的一条重要路径。根据心理学家柳博米尔斯基的分析，这种默观式的修炼（contemplative/mindfulness meditation）似乎有以下共通点。[14]

- 开放的态度（be open）：注意每一件小事，仿佛首次见到一般。
- 信任的态度（be trusting）：信任自己，相信生命的主宰或生命本身的智慧。
- 忍耐的态度（be patient）：等待，不勉强自己，不急躁，让生命或灵性渐渐展示出来。
- 不强求的态度（be non-striving）：不过分注重结果，更注重过程和经历。
- 非批判性的态度（be non-judgmental）：观察当下一切，采用抽离（detached）和非评价（non-evaluative）的态度。
- 放开的态度（let go）：不执着于自己的想法，自然开放。

事实上，无数研究证实，经常练习静修或默观的人，身心都较为健康，他们较少患上心脏病、痛症、抑郁、焦虑、惊恐等病症。一项研究指出，6 个星期的静修练习（meditation exercise）会使一群上班人士心情更愉快，更享受当下，人际关系更好，身体较少出现不适，对感冒也有较强的免疫力。[15] 另一项研究显示，经过

8 个星期静修练习的人，脑扫描显示他们的左前额叶较右前额叶活跃，表示他们较为快乐，情绪更为正面。[16] 还有一项在医科学生中做的实验显示，接受静观训练（mindfulness training）的学生，相对于对照组的学生，有更多的灵性体验，对人有同理心，很少有焦虑与抑郁的情绪。

由此可见，不论你是否有宗教信仰，练习静修、默观等活动，都有助于大家更愉快，内心更平静，身心更健康。不妨考虑选择一种适合你的方式尝试一下，看看对你是否有正面的效果。

小资料

脑部与正面情绪的关系

近年来，科学家利用脑电图（EEG）技术，研究发现人脑的左前额叶（Left Prefrontal Cortex）和右前额叶（Right Prefrontal Cortex）与人们的情绪相关。科学家发现左前额叶主要负责愉快情绪、主动探索和好奇等正面体验。例如，一项研究发现，当受试者观看喜剧时，左前额叶的位置会特别活跃。相反，人脑的右前额叶会在我们感受到负面情绪时更为活跃。[17]

塞利格曼提倡三种美好人生：愉快人生、充实人生和有意义的人生。第三种人生以意义为中心，可见意义的追寻与实践在人生中占有非常重要的位置，不容忽视。孔子亦云："朝闻道，夕死可矣。"这"道"应包含人生中正确的道理、价值和意义，所以儒家思想也鼓励人们追寻有意义、有价值的人生。

事实上，没有意义的人生很难充实愉快，起码不会产生真正持久的快乐。另一方面，灵性的体验和觉悟在追寻意义的道路上占据非常重要的地位，不论你是否有信仰，都可以尝试体验灵性生活的好处，希望本章内容能为大家带来一些新的领悟和体会。

快乐工坊

你的人生蓝图

你认真思考过人生的意义吗？你清楚自己的生活目标吗？这些目标是否能反映你的价值观呢？可试着填写以下问卷。

1. 我的人生意义包括：

2. 我的生活目标包括：

3. 这些目标反映我以下价值观：

4. 我实践人生意义和目标的计划是：

快乐小点子：追求灵性体验小秘方

1. 每日留出一小段时间思考自己的灵性状况，回顾自己的灵性生活和进展。
2. 回顾过去自己灵性方面的进程和发展，检验这方面的受益情况和满足感。
3. 阅读一些与灵性有关的书籍或观看这类电影。
4. 在日常生活中留心观察与自己灵性有关的体验，即使是极细微的事情。
5. 为自己订立灵性生活目标，努力完成，再检验一下自己的经验和收获。
6. 如果有宗教信仰，每天花一些时间祈祷或敬拜。
7. 回顾你在灵性或宗教上的行为和习惯如何影响生活的各个层面，无论是正面的还是负面的。
8. 定期进行一些独处、静修、默想等活动，体验灵性或宗教的经验和意义。
9. 尝试发掘自己遭遇的事情背后的意义，即使是不幸或痛苦的经历，看看是否可以从灵性或宗教角度去理解和面对。
10. 每年至少参加一次灵性方面的退修活动，让自己有一段较长的时间来静修，默想自己的灵性或宗教信仰状况。

参考文献

[1] Buford B.Halftime：Changing Your Game Plan from Success to Significance[M].Grand Rapids，Mich：Zondervan，1997.

[2] Erikson E H.Identity and the Life Cycle[M].New York：W.W.Norton &

Co，1994.

[3] Seligman M E P.Authentic Happiness[M].New York：Free Press，2002.

[4] Baumeister R F.Meaning of Life[M].New York：Guilford Press，1991.

[5] Klinger E.The search of meaning in evolutionary perspective and its clinical implications[M]//In Wong P T P，Fry P S（Eds.）.Handbook of Personal Meaning：Theory，Research，and Application.Mahwah，NJ：Erlbaum，1998：27–50.

[6] Frankl V E.Man's Search for Meaning[M]. Boston：Beacon Press，2006.

[7] Wong P T P.Towards an integrative model of meaning-centered counselling and therapy[J]. The International Forum for Logotherapy，1999，22：47–55.

[8] King L A，Hicks J A，Krull J L，Del Gaiso A K.Positive affect and the experience of meaning in life[J].Journal of Personality and Social Psychology，2006，90：79–196.

[9] Pargament K I.The psychology of religious and spiritually：Yes and no[J]. International Journal for the Psychology of Religion，1999，9：3–16.

[10] Oxman T E，Freeman D H，Manheimer E D.Lack of social participation or religious strength and comfort as risk factors for death after cardiac surgery in the elderly[J].Psychosomatic Medicine，1995，57：5–15.

[11] Jenkins R A，Pargament K I.Congitive appraisals in cancer patients[J].Aerial Arisen and Medicine，1988，26：625–633.

[12] McIntosh R N，Silver R C，Wortman C B.Religion's role in adjustment to a negative life event：Coping with the loss of a child[J].Journal of Personality and Social Psychology，1993，65：812–821.

[13] Pargament K I，Mahoney A.Spirituality：Discoursing and conserving the sacred[M]//In Snyder C R，Lopez S J（Eds.）.Positive Psychology：The Scientific and Practical Explorations of Human Strengths.Thousand Oaks, Califf：Sage Pub.Co，（2002）2006：646–659.

[14] Lyubomirsky S.The How of Happiness：A Scientific Approach to Getting

the Life You Want[M].New York：The Penguin Press，2007.

[15] Smith W P，Compton W C，West W B.Meditation as an adjunct to a happiness enhancement program[J].Journal of Clinical Psychology，1995，51：269–273.

[16] Davidson R J，Kabat–Zinn J，Schumacher J，Rosenkranz M，Muller D Santorelli S F，Urbanowaki F，Harrington A，Bonus K，Sheridan J F.Alterations in brain and immune function produced by mindfulness meditation[J]. Psychosomatic Medicine，2003，65：564–570.

[17] Davidson R J，Irwin W.The functional neuroanatomy of emotion and affective style[J].Trends in Cognitive Sciences，1999，3：11–21.

第四篇

找到快乐

第十章　迈向快乐人生

在本书最后一章，我们希望与大家分享一些以积极心理学建立快乐人生的实践秘诀。本书介绍的快乐途径，有人可能觉得很难实践，希望这一章能提供一些建议，让大家有信心去寻找快乐之道。

一、从简单做起

快乐可以非常简单，也可以是非常不简单的事。试看小孩子的快乐，微小平凡的事情都能让他们快乐无比。只要成年人仍能保持这份童心，快乐离你并不很远，吃一支雪糕，玩一个游戏，看一部好电影或一本好书，都能够让我们快乐无比。但快乐也可能是很难获得的，如果我们有太多重担或烦恼，长期承受压力或情绪低落，我们就快乐不起来。

那么，应该如何实践快乐的秘诀呢？这里建议大家无论情况如何，试着从较简单容易的事情开始，这样成功的机会较大。什么活动是你可以掌握而又能让你感到愉快的呢？不要立即回答"没有"，经验证明，即使最抑郁的人，可能需要多花一些时间和努力，但也能找到一些让人愉快的活动。

大家可以回想自己过去的愉快经历，哪些是自己可以掌握或主动制造的？是否与你的兴趣有关？怎样主动让这些情况发生？哪些活动是你现在仍可以做的？你可能会觉得"此时不同往日"，现在的自己或现实环境已经不允许了，你确定吗？是不是你低落的情绪影响了你的信心，让自己看不到快乐的希望呢？其实，只要你愿意用心去寻找，必然能够找到一些简单可行的“愉快活动”。

请大家为自己拟一张“愉快活动”清单，每个活动都有两个分数（0～10），一个分数表示活动易做或可行程度，另一个分数表示活动为自己带来的满足感或愉快感，可以参考以下案例。

愉快活动	易做指数（0～10）	愉快指数（0～10）
1. 吃一顿美食	9	3
2. 约朋友一起打球	5	6
3. 看一部好电影	8	4
4. 到郊外旅行，享受大自然	7	5
5. 约朋友见面交谈，分享心事	8	3
6. 到外地度假旅行	2	7
7. 完成一件具有挑战性的工作	1	9
8. 发展一种爱好	4	7
9. 玩喜欢的游戏	8	6

列完这个清单后，大家可以选择一项最易做的“愉快活动”，安排在未来一周去实行。对心情低落的人来说，就是做最简单的事情也会感到吃力，所以要选择易做的事来做。就算这项活动为你带来的愉快感并不是很高，但最重要的是你去实践了。

连续几周实践计划（当然可以每个星期做不同的易做的活动）之后，大家自然会比以前自信，相信自己有能力去做使自己感到愉快的事情，这时自我效能感也会得到提升，感觉快乐不是那么困难或不可能获得的。

记住，由简单的做起！

二、扮演“快乐人”

大家相信“假戏真做”“戏假情真”吗？人生如戏，有时不妨学一下角色扮演，说不定会有意外收获。研究显示，当我们愿意扮演或做出某些角色要求的行为时，一段时间之后，我们的感觉和心情都会受“角色”感染而改变。虽然这种改变的幅度可能有限，但仍不失为一个不错的自我改变良方。

假如自我感觉是个不容易快乐的人，或觉得现实中有太多烦恼的事困扰自己，不妨尝试一下短暂的角色扮演，例如每个星期一、三、五是“正常天”，星期二、四、六是“快乐天”。在特定的“快乐天”，尽量尝试培养愉快的感觉和心情，多做让自己或别人愉快的正面事情。假如大家渐渐感受到“快乐人”角色的好处，那么自然会让这一角色成为你的一部分，增强你的愉快感甚至抗逆能力。

以下是一些较为具体且实际的建议。

- 每天起床梳洗时，试着对着镜子微笑，然后对自己说：“我今天要保持心情愉快积极，做个开心的人。”
- 尝试保持一种微笑式的面部表情一段时间。研究显示，制造愉快或不愉快的面部表情，如微笑和皱眉，的确可以改变一个人的短暂心情。

- 多想些值得开心的事情，无论是过去、现在或将来，让自己沉醉在这些思想中，然后肯定地告诉自己：这个世界或人生仍然有美好的一面。
- 想象一下，假如你是个快乐开朗的人，你会如何过自己的生活，如何安排活动，如何与人相处等，尝试扮演这个角色一日、一周，坚持一段时间，看看效果如何。

心理学告诉我们，角色扮演引发的新行为，可以产生新的体验，改变人们的心情和想法。起初大家可能会感到不太真实，很难投入新角色，但经过一段时间的练习，对新的表现和行为模式熟练之后，自会享受到这种角色扮演的好处。原来改变不一定要由心情开始，也可以由自己的选择和行为开始。

小资料

面部表情改变心情

制造面部表情真的可以改变心情吗？有人曾做过一个有趣的心理学实验：第一组受试者被要求将一支笔放在上下两排牙齿之间，装出一个仿佛微笑的面部表情；第二组受试者则被要求将笔放在鼻和上唇之间，装出一个皱眉的面部表情，两组受试者皆不知实验的真正目的。然后他们观看同一套漫画，结果显示第一组（仿制“笑容”的一组）比第二组（仿制“愁容”的一组）认为这套漫画更幽默有趣。[1]

另一个更让人惊讶的研究是：学者找来 10 位对药物或心理

治疗没有良好反应的女性抑郁症患者，年龄介于36岁到63岁之间，患病年限由2年到17年不等。她们接受一种特殊的面部肌肉松弛剂，可以改变这些患者因长期皱眉而出现的“愁容”。两个月后，9位患者不再抑郁，第十位也有显著改善。虽然这只是一个很初步的研究，但似乎表明改造愁容可能使别人以为你是个较开朗的人，从而产生较正面的相处体验和情绪效果。[2]

三、多做快乐的事

很多人的经验都指出：开心一时不难，但要保持长久愉快的心情则不易，这的确是个挑战。一个成功的秘诀就是多做快乐的事，即多做让自己开心的事，经常在生活中安排这些活动。本杰明·富兰克林（Benjamin Franklin）有一句至理名言：“快乐来自每天发生的微小的愉快事件和经历，多于一些很少发生的极大喜事。”

第二章提到，积极心理学指出，持久的快乐有一半是天生的，但也有约四成是由个人的选择和行动决定的，多做快乐的事正是这方面的积极表现。每个人认为的“快乐的事”都不同，本书提及的“快乐的事”，大家可以按照自己的喜好和经验决定要做哪一种。有些人可能觉得多抱着知足感恩的态度，多思考这方面的事情，多向人表达谢意，最能使自己快乐；有些人喜欢运动和发展爱好，也有些人可能喜欢挑战自己，努力完成定下的目标，做自己认为最有意义的事情，这样才感到快乐。无论怎样，只要大家找出能够使自己快乐的事情，决心多做，经常去做，享受其中的过程和结果，快乐的情绪自然离你不远。

事实上，愉快的经验并非只是感到开心，根据学者芭芭拉·弗雷德里克森的理论和研究，持久的愉快体验可以增强一个人的身体、社交、心理和智力方面的资源，成为对抗抑郁等负面情绪非常有效的方法之一。只要大家多为自己的日常生活创造愉快体验，自然可以享受其中的多种好处。

小资料

扭转负面情绪

研究告诉我们：正面情绪的确可以扭转负面情绪。在一个实验中，研究人员要求受试者用一分钟预备一篇名为“为何我是一位难得的朋友”的演讲词，他们不知道事实上根本不用演讲。他们立刻表现出焦虑紧张的生理反应，如心跳加速、血压上升等。之后他们被分为4组，每组观看一部不同的电影，引发他们4种不同的情绪：愉快、满足、中性和悲伤。结果发现，观看引发正面情绪电影的两组人，较其余两组能够更快地恢复正常的心跳和血压。[3] 另有研究指出：经常参与愉快活动的人，会体验到更多的愉快情绪，这些情绪可以维持至少3个月，6个月后他们也很少出现抑郁症状。[4]

四、变、变、变

另一个非常重要的持久快乐原则是“变”。心理学研究发现，人是会适应环境的，这可以是好消息，也可以是坏消息，在于大家处于什么情况之中。这意味着假如你不停地重复同一种令自己愉快的活动，同一方式和做法，完全没有变化，你一开始很容易地适应了这种活动带来的愉快感觉，但是之后的感觉会大打折扣甚至渐渐淡化。因此，当进行这些愉快的活动时，你必须在其中安排一些能够变化的元素，减少因适应而产生的麻木。

例如，感恩对你来说可能是非常奏效的愉快活动，你可以考虑每次为不同的事情感恩，包括健康、家庭、工作、友谊、信仰、社会参与，等等；你也可以用不同的表达方式，如写感恩日志、感谢信、开感恩会、当面致谢、送礼物、感恩祷告，等等。

同样，假如你常以神驰活动为乐，可以尽量安排不同类型的活动，可以是运动、爱好，甚至是工作或志愿服务，这样你就不会因不断重复同一活动而生厌，降低神驰或愉快的感觉。总的来说，适当的变化可以持续保持愉快活动的新鲜感，这一点是非常重要的。

除了变化和多样化之外，我们也要留意愉快活动的频率。假如愉快出现的频率过高，也会减弱其吸引力和愉快感。这与均衡原则有关，我们不能单单追求快乐，忘记其他情绪。不要盲目追求享乐，有些享乐长远来说只会带来不良后果或痛苦（如嗜食、滥药、酗酒、滥交等无节制的不良习惯）。人生自有喜怒哀乐不同的经历，这是正常和健康的。我们要为生活做出均衡的选择，有追求快乐的时刻，也接受平淡甚至痛苦的时刻（例如努力追求目标），这才是美满的人生。

五、与良伴同行

另一个快乐秘诀的成功因素就是与良伴同行！有关快乐的研究显示，快乐的人通常都拥有良好的人际关系，几乎没有例外。事实上，关系带来的好处和满足的确使人快乐，也是克服困难和痛苦的重要元素。有研究显示，至少有一位可倾诉的朋友的女性，比那些没有这种朋友的女性更能应付困难和问题。在克服困难或追求目标上，朋友或亲人的支持包括三个方面：资料，例如提供意见或新的方法；实质，例如金钱资助；情感，例如为你打气或安慰。

事实上，很多以行为改变为目标的自助组织（如戒酒、戒毒、戒赌等治疗团体），皆重视同伴的影响和团员之间的互助作用。这种关系上的支持，同路人的互相扶持，可以是成败的关键。同样，假如我们希望有正面的自我提升，增加快乐的情绪，也可以依赖同伴的支持和鼓励，多分享并要求他们为你打气（例如写心意卡、电话短信等），这都有助于你达成以上目标。

六、个人化的快乐活动

本书一直强调：快乐是个人的主观体验，虽然我们相信有一些普遍的快乐原则或路径，但每个人经历的快乐都是不同的，实现的途径也有差异。因此，若想获得持久的快乐，就要了解自己的“快乐手册”，从过去的经验和自我认识中制订个人快乐的途径和方法。建议大家每天写下前一日的情绪体验，连续记录几个星期，从中发掘自己独特的快乐模式。可以参考以下建议。

- 回忆昨天的流程，做过什么，列出主要的片段，包括时间和活动。
- 为每个片段仔细回忆当中的经验和感受，将感受分为正面愉快的、中性的或是负面不愉快的（只可选择其中一种），再为这种情绪打分（0 到 10 分），分数越高代表感受越强烈。
- 在正面情绪旁边写下你认为那是一种怎样的情绪，给它一个具体的形容，如兴奋、恬静、喜乐、满足、感恩，等等。
- 在每个正面情绪旁边写上你认为产生这种情绪的可能原因，可以多于一种。

记录一周后，进行统计，看看哪一种正面情绪最常出现，分数如何，多数与哪些活动或原因有关。经过几个星期的分析，你会认定哪些活动可以产生正面情绪。这种做法有助于大家安排和选择个人化的快乐活动，非常奏效，不妨一试！

1. 将快乐变成习惯

人是习惯性的动物，习惯就像一把双刃剑，可以助人，也可以害人，看你如何运用和建立一些什么习惯。例如熬夜是一种习惯，对身体有害；晨练也是一种习惯，对身体有益。那么，快乐也可以成为一种习惯吗？专家认为绝对可以，而且建立这种习惯将带来很多好处。

如何令快乐成为习惯呢？可参考心理学理论：联系（association）或条件反射（conditioning）。简单来说，假如你在某些特定环境或条件下重复经历某些事情，这些环境或条件与这些事情的主观感受有很大可能会联系起来。多次重复后，当你身处同样的环境，就很可能会体验到同样的感觉，例如愉快舒畅的情绪反应。比如，你多次与伴侣到某地旅行，当你再踏足该地时，就会自然产生愉快美好的感觉，像以往的经历一样，这就是习惯性的反射作用。

因此，如果可以在日常生活中将愉快情绪与活动或环境联系起来，就能较容易地培养出快乐的习惯。大家可以通过特定的时间、地点和方式去进行某些愉快的活动，这有助于建立快乐的习惯，例如：

- 每周末都在特定的时间进行自己喜欢的活动。
- 定期与自己喜欢的人进行喜爱的活动。

当然，培养快乐习惯的同时，也要考虑加入适当的变化，以免出现前文提过的麻木状态，从而减弱愉快感。

快乐是一种可以培养的习惯。研究指出，愉快情绪可以产生更多的正面体验，如乐观的思维、积极的行动等，起到正面循环作用，可见建立快乐习惯绝对可以产生加倍的正面作用！

2. 制作“快乐餐单”

快乐是可以累积的体验，建议大家为自己量身订做一套“快乐餐单”，写上有意义和具有满足感的体验，配合10种不同的愉快情绪，这餐单便是你日后寻找快乐的指引，当然也可以定期更新内容。大家可以将以下10种正面情绪放入餐单：喜悦、感恩、平静、兴趣、希望、自豪、欢乐、憧憬、惊讶、关爱。在每种情绪下可以写如下内容：

- 你在何种情况下经历了这种情绪？
- 这种感觉如何？
- 这种正面情绪对你有什么影响？
- 你可以做什么让这种情绪持续下去或再次出现？
- 你最喜欢体验哪种情绪？

这套“快乐餐单”是大家平日很有用的提示，当自己感到心情低落时，可以按照餐单上的建议改善心情。当然，每个人最享受或最容易体验到的正面情绪都不同，对某些人来说可能是感恩，对另一些人来说可能是关爱。如果你能养成习惯，定期进行餐单上的活动，便能体验到更多愉快情绪，是不是不亦乐乎？

3. 一颗善待自己的心

实践快乐之道，其中一个常见的障碍，就是对自己过分苛求和自责，以至于难以快乐起来。许多人自幼经历父母或其他大人过分的要求，他们将对孩子的感情与其成就或表现挂钩，造成孩子长大后，潜意识中仍对自己存有极高的要求，并且容易自责，心中充满挫败感和羞愧感，自然难以快乐起来。

其实,每个人都有自身独特的价值,不会因成就的高低而改变。大家若想活得轻松自在，就必须学会爱惜和善待自己，甚至要宽恕自己的过失和软弱。世上没有完美的人，我们要正面对待自己的弱点，对自己多抱仁慈的态度和一颗愿意善待自己的心。

七、苦乐交织的人生

本书已到尾声，希望大家能从中找到通往快乐人生的途径，积极心理学的确在这方面为我们提供了不少见解和启发。当然，最重要的还是大家个人的实践和体验，适合别人的方法未必适合自己。鼓励大家尝试本书中推荐和介绍的方法，然后检验效果，看看对自己是否有帮助。如果没有，那么大家可以另觅途径；如果效果理想，可以继续思考和改善这些方法，以便达到最佳效果。

然而，即使大家得益于本书推荐的快乐途径，但请不要忘记，人生不可能全是正面和快乐的经历，失望和痛苦也是人生不可避免的一部分，这些部分也非常重要，不容轻视。我们不鼓励人们沉溺或困于痛苦之中，这是不健康的，但如何正视、接纳、消化，甚至善用这些负面经历，可以说是人生的大智慧。

我们相信，一个心理和心灵都健康的人，情绪基调是正面和愉快的，但同样会经历人生种种苦痛与不幸，也会经历负面情绪。然而他不会因此失去对人生的积极信念和希望，仍相信和坚持人生美好的一面，也只有这样，人生才会完满和充实。

愿大家读完这本书后，可以开启一个更丰富、更有意义的快乐人生。

参考文献

[1] Strack F，Martin L L，Stepper S.Inhibiting and facilitating conditions of the human smile：A nonobstrusive test of facial feedback hypothesis[J].Journal of Personality and Social Psychology，1998，54：768–777.

[2] Finzi E，Wasserman E.Treatment of depression with botulinum toxin A：A case series[J].Dermatologic Surgery，2006，32：645–650.

[3] Fredrickson B L，Levenson R W.Positive emotions speed recovery from the cardio vascular sequelae of negative emotions[J].Cognition and Emotion，1998，12：191–220.

[4] Fredrickson B L，Mancuso R A，Branigan C，Tugade M M.The undoing effect of positive emotions[J].Motivation and Emotion，2000，24：237–258.